korean native cattle

한우

100문 100답

(육종 · 번식 · 사양 · 비육 · 질병)

서울대 명예 교수 **임 경 순** 著

韓牛

선 진 문 화 사

머 리 말

한우의 실제 사육경험이 일천한 사람이 한우 100문 100답 육종, 번식, 사양, 비육, 질병을 집필한데 대한 불안과 송구스러운 마음이 앞선다. 이 책을 집필하려고 한우에 대한 단행본을 수집해보니 몇 권 안 되었으며 이들 책들이 얼마만큼 한우를 기르는 사람에게 도움이 되겠는가 하는 생각이 들었다. 한우를 다두 사육하면서 사육 경륜이 많은 사람이 한우를 집필하는 것이 가장 바람직한 일이나, 아직 이런 사람 중에서 한우를 집필한 분이 없다.

필자는 2002년 2월 충남 천안시 성남면에 번우가축생명과학연구소를 설립하고 한우 번식우 20두를 사육하기 시작하여 2008년 5산을 끝냈다. 한우 번식우를 기르면서 한우 양축가를 위한 책을 집필해야겠다는 생각을 갖게 되었다. 이제까지 쌓아온 학문적 기초와 이론을 실제와 접목시키면 양축가에게 도움이 되는 책을 집필할 수 있겠다는 생각이 들었다.

문제를 도출하여 답을 풀이하는 형식이 문제의 답을 알려고 하는 양축가에게 도움이 될 것으로 생각이 되었다. 그래서 우선 100문을 도출하여 그 답을 풀이해 보았다. 처음에는 다두 사육하는 양축가에게 문제를 제기 받았으나 한계가 있어 필자가 문제를 도출하여 100문에 이르렀다. 약 3년에 걸쳐 집필되었으므로 문제에 따라서는 현재의 상황과 약간 거리가 있는 것들이 있다.

문항들을 편의상 육종, 번식, 사양, 비육, 질병으로 분류하여 편집하였다. 필자가 비육에 경험이 없고 번식생리가 전공인 관계로 문항이 번식에 편중되어 있어 비육 문항이 부족하다. 이 점 독자의 이해를 구한다. 본서가 규모의 대소를 가리지 않고 한우를 기르는 양축가들과 한우를 사육하려는 농민뿐만 아니라 축산 · 수의 관련 대학의 학생과 축산업계의 한우 관련 전문인들에게 도움이 되었으면 하는 것이 저자의 소망이다. 앞으로 한우 사육에 경험을 더하여 100문 이상의 개정판이 집필되기를 희망해 본다.

문항 도출에 협력하여 준 가야목장 김수경 사장님께 감사한다. 집필을 지켜보며 격려하여준 내자에게 감사한다. 연구소를 설립하여 운영할 수 있도록 지원과 후원을 해준 대학원 제자 진동일, 정구민, 이창규 박사, 애그리부랜드 퓨리나 이보균 박사와 하나로 사료의 박광순 사장, 대림 축산의 이순국 회장께 감사한다.

끝으로 이 책의 출판을 수락하여주신 선진문화사의 사장님께 감사를 드린다.

2009년 6월

저자 임 경 순

목차 CONTENTS

1장 육 종

2장 번 식

CONTENTS

3장 사 양

4장 비 육

CONTENTS

한 우

100문 100답

(육종 · 번식 · 사양 · 비육 · 질병)

제 1 장 육 종

제 1 장 육 종

1. 한우는 어떤 특성을 가지고 있는가

한우는 기원전부터 우리 나라에서 사육되어온 역용우이다. 지금까지의 연구에 의하면 한우(Bos taurus Coreanae)는 유럽 원우(Bosprimigenius)와 인도 원우(Bos indicus)의 혼혈종에서 기원하며 북부 중국과 만주를 거쳐 한반도에 옮겨온 후 순종번식에 의하여 오늘에 이르렀다. 한우는 우리 민족과 함께 시대의 변천에 따른 애환을 같이 하였으며 가족과도 같이 살아온 가축이다. 그래서 한우는 우리가 가지고 있는 가장 귀중한 토종가 축이며 국가적 유전자원이라 할 수 있다.

1) 특 성

모색은 황갈색이다. 한우는 만숙종으로 주로 역용우로 사용해와 후구가 빈약하였으나 육용을 목표로 1961년부터 실시한 인공수정과 1984년부터 후대검정을 마친 보증종모우의 정액으로 실시한 인공수정에 힘입어 체형이 육용으로 변하면서 체구가 커졌으며 산육능력은 물론 육질도 크게 향상되었다. 한우는 낮과 밤의 기온 차가 크고, 4계절이 분명한 한국 기후에 적응하여 체질이 강건하고 조사료 이용성이 높으며, 근내지방의 침착성이 좋고 근내지방이 근육에 고르게 분포되는 특성을 가지고 있다. 한우는 개체간에 차이가 있으나 대체로 성질이 온순하여 사양관리에 별 어려움이 없다. 이와 같이 한우는 다른 육우 품종이 가지고 있지 않은 고유의 특성을 가지고 있으므로 이들 특성을 더욱 발전 개발해 나가야 한다.

한우는 이런 장점을 가지고 있는 반면 단점도 가지고 있다. 개량되었다고는 하나 개량된 다른 육우 품종에 비하여 후구가 빈약하고 성장속도가 느리며 성숙체중이 작다.

표 1에서 보는바와 같이 한우의 24개월령의 도체중은 317kg로 월령 대비 체중으로 환산했을 때 화우의 78,2%, 앵거스의 64.5%에 불과하다. 따라서 한우의 도체중을 외국 육우의 80% 이상으로 끓어 올리기 위해서는 한우 거세우의 24개월령 체중이 650~700kg가 되어야 한다. 즉 한우 거세우의 24개월령 체중을 550kg로 볼 때 100kg 이상 증가시켜야 한다. 한우 암소의

비유능력도 떨어진다.

표 1. 한우 및 외국 육우의 도체중 비교(거세우 기준)

구 분	한 우	화 우	앵거스
월 령	24	20	14.4(439일)
도체중(kg)	317.0	338	295

이성수 : 한국수정란학회지. 2004. 19(1) : 3 ~ 14
*한우 : 제30차 후대검정 성적(2002. 3)
*화우 : 제11차 간접검정 성적(2002. 6)
*앵거스 : Angus national cattle evaluation

표 2에서 보는바와 같이 한우의 산유량은 분만 후 1개월과 2개월이 화우 보다 61kg 과 80kg 적다.

표 2. 한우와 화우의 분만 후 월별 산유량(단위 : kg)

구 분	0 ~ 1	1 ~ 2
한 우	140	121
화 우	201	201

(한우사육길잡이. 2002 : 123)

분만 후 산유량은 송아지의 발육과 깊은 관계가 있으므로 송아지의 발육을 촉진하기 위하여 한우는 유방을 개량하여 산유량을 높여야 한다.

따라서 이상의 결점을 보완하는 방향으로 한우를 개량하면 한우는 육우 품종으로 손색이 없는 품종이 될 것이다.

2. 한우의 개량목표

한우는 우리나라의 고유 품종이며 육우로서 개량해 왔다. 앞으로 육우 품종으로 살아남기 위하여 아래와 같이 개량되어야 한다.

① 능력과 체형의 균일성이 향상되어야 한다.
② 조숙성과 연산성(1년 1산)을 높이고 포육능력을 향상시켜야 한다.
③ 체폭의 증대와 후구의 충실에 중점을 두고 체적을 늘리고 몸의 균형을 향상시키면서 자질을 높여야 할 것이다.
④ 강건성과 조사료 이용성을 높여야 한다.
⑤ 육질의 유전적 개량에 힘쓰고 비육의 합리화를 추진해야 한다.

즉 육우로 좋은 품종을 마들기 위하여 육질형질, 산육형질과 번식형질을 개량해야 한다. 각 형질은 표 1과 같이 형질에 따라 유전력이 다르다.

표 1. 한우의 주요 경제형질에 관한 유전력

구 분	지 표	유전력(%)	유전력의 정도
육질형질	근내지방도, 연도 등심단면적, 등지방두께	50～70	높 다
산육형질	증체율, 사료효율	30～40	보 통
번식형질	분만난이도, 번식률 (수태율, 수태당 수정횟수)	10～20	낮 다

유전력이 높은 육질형질은 선발에 의한 개량효과가 크지만 유전력이 낮은 번식형질은 환경에 의한 영향을 많이 받으므로 사육환경과 영양조건의 개선이 필요하다.

비거세우와 거세우의 형질별 개량목표는 표 2와 같다.

비거세우와 거세우 공히 체중(산육형질)을 늘리고 등심단면적(육질형질)을 넓히고 근내지방도(육질형질)를 높이는 데 개량 목표를 두고 있다.

표 2. 비거세우와 거세우의 형질별 개량목표

연 도		체 중(kg)		도 체			
		6개월령	18개월령	도체중(kg)	등지방 두께(cm)	등심단면적 (cm^2)	근내지방도 (점수)
비거세	'00	181	524	378	0.45	84.5	1.30
	'05	192	574	395	0.45	90.5	1.37
	'10	203	623	429	0.45	102.5	1.44
	개량량/년	2.2	9.8	3.4	–	1.2	0.014
거 세	'00	154	445	322	0.74	73.6	3.25
	'05	163	487	337	0.74	80.4	3.43
	'10	172	528	351	0.74	87.1	3.60
	개량량/년	1.8	8.3	2.9	–	1.35	0.035

3. 번식우 고르는 요점

1) 바람직한 번식우

번식우를 사육하는 목적은 번식우가 가지고 있는 능력을 충분히 발휘시켜 농가의 경영을 안정시키는 것이다. 번식우의 능력이라는 것은 균일한 송아지를 생산하는 능력, 불량형질이 나타나지 않는 유전능력, 발육능력, 수태와 연산성의 번식능력, 먹성, 조사료와 농후사료의 이용능력, 산육능력 및 산유능력과 같은 생산능력을 총망라한 것이다.

한우는 특히 5000년이란 긴 세월을 한반도의 기후에 적응해온 소로서 지난 40년간 육용으로 꾸준히 개량하여 육질이 좋고 조사료의 이용성이 높으며 성질이 온순하고 추위와 더위에 견디는 능력이 우수한 기르기 쉬운 가축이다.

하지만 아직도 균일성인 측면에서 금후 체형, 산육능력, 육질 및 산유능력 등을 더욱 개량할 필요가 있다. 또한 번식우는 종축으로서 능력을 충분히 발휘할 수 있는 것이어야 한다.

번식우를 고르는 요령을 열거하면 아래와 같다.

(1) 발육이 좋을 것

한우 암소의 월령별 발육 기준치가 있는데 번식으로 공용할 암소는 적어도 발육이 이 기준치를 넘는 것이어야 한다.

(2) 체형과 자질이 좋을 것

한우의 심사표준에 가까운 체형을 가진 것이어야 한다.

① 체적이 크고 몸의 모든 부분의 발육이 좋고 몸의 길이, 깊이와 폭이 충분히 있어야 한다.

② 몸의 균형이 잡혀 있어야 한다. 전구, 중구, 후구의 깊이와 다리의 길이가 균형이 잡혀 있어야 한다. 머리가 지나치게 크지 않고 목이 길고 다리가 몸통의 깊이보다 길고 후구가 짧지 않아야 한다.

③ 자질과 품위가 좋아야 한다. 암놈다운 몸매를 하고 피모가 황갈색으로 가늘고 부드러우며 밀생하고, 피부는 여유가 있고 너무 두껍지 않고 부드러우며 탄력이 있어야 한다.

(3) 번식성적이 좋을 것

임신경험이 있는 것이 바람직하다. 인공수정증명서와 혈통증명서가 있어 혈통을 파악할 수 있어야 한다. 경산우의 경우에는 1년 1산을 했는지, 출산한 송아지가 건강했으며 발육과 자질이 좋았는지를 확인할 필요가 있다.

(4) 유량이 많을 것

유량은 송아지의 발육을 조사하면 알 수 있으며, 유방이 크고 질이 좋은 것이어야 한다.

(5) 건강하고 기르기 쉬울 것

사료 이용성이 좋고 눈이 똘똘하고 털이 윤택하며 지세가 튼튼해야 한다.

4. 자질과 능력이 우수한 송아지를 생산하려면

송아지의 능력과 자질은 어미와 아비의 능력과 자질에 따라 결정된다. 자질과 능력이 우수한 암송아지는 성장이 빨라서 생후 14개월 전후에 교배되어야 하며 교배했을 때 수태가 잘되어야 하고 분만 후에는 송아지에 젖을 잘 먹여 송아지를 잘 길러야 한다. 따라서 양축가는 자질과 능력이 우수한 송아지를 생산하기 위하여 가임 암소를 잘 선택해야 한다. 가임 암소는 그 아버지의 냉도체, 배최장근단면적과 근내지방도의 유전능력을 참고로 하고, 외형과 성품이 좋은 것을 선택해야 한다.

가임 암소는 파악된 외형 중 결점을 보완할 수 있는 아비를 선택하여 인공수정을 함으로써 자질과 능력이 좋은 송아지를 생산할 수 있다. 한우는 특히 분만 후 비유량이 적은 편이므로 가임 암소는 앞 · 뒤 유방이 균형 있게 잘 발달한 것과 젖이 잘 나오는 것을 선택해야 한다. 초산한 소의 유방을 포유기간에 잘 관찰하면 앞 · 뒤 유방의 균형이 잡혀 있는지를 알 수 있으며, 송아지가 자라는 것을 보면 젖이 잘 나오는지를 파악할 수 있다.

자질과 능력이 우수한 수송아지 역시 성장이 빨라야 하고 비육했을 때 육질과 육량등급이 높아야 한다. 능력과 자질이 좋은 수송아지를 생산하려면 인공수정시 종모우를 잘 선택해야 한다. 종모우를 선택할 때는 종모우의 냉도체, 배최장근단면적과 근내자방도의 유전력을 참고하여 개량하려고 하는 형질의 유전력이 높은 것을 선택해야 한다.

한우개량사업소의 인터넷(www.limc.co.kr)에 들어가면 종모우 일람표를 볼 수 있으며 종모우는 등급에 따라 1, 2, 3 등급으로 나누어져 있다. 가능하면 1등급에서 종모우를 선택하고, 여의치 않을 때는 2 · 3 등급에서 개량하려고 하는 형질의 유전력이 높은 종모우를 선택한다. 종모우의 일람표 중에서 개체번호를 크릭하면 그 개체의 체형이 나온다. 체형이 좋은 종모우로 교배하므로 체형과 자질이 좋은 송아지를 생산할 수 있다.

생후 5~6개월간 송아지를 세심하게 관찰한다. 특히 생후 1개월간 설사를 하지 않고 잘 자라며 어미로부터 젖을 잘 빨아먹고 성장하면서 좋은 체형을 가지는 암송아지를 가임 암소로 선발하여 우수한 종모우의 정액으로 인공수정하면 능력과 자질이 우수한 송아지를 생산할 수 있다.

번식에 공용하고 있는 암소를 초음파 진단하여 육질이 우수한 암소를 번식에 공용하면 육질의 자질이 우수한 송아지를 생산할 수 있다. 이력추적제가 확립되면 도축된 거세비육우의 육질등급을 반영하여 어미소를 선발하여 그 어미소를 번식에 공용하면 육질의 자질이 우수한 송아지를 생산 할 수 있다.

임신기간 중에 임신우의 사양관리를 잘하면 자질과 능력이 우수한 송아지가 생산된다. 특히 분만 전 2개월간의 사양관리가 중요하다. 일반적으로 분만 전 2개월간은 농후사료를 20% 증가 급여하도록 되어 있다. 이는 분만 전 2개월간에 송아지가 급속히 성장하기 때문이다. 임신기간 중에 사양관리가 잘된 어미는 생시체중이 무거운 건강한 송아지를 생산하며 비유량이 많아 송아지는 잘 자라 자질이 좋을 송아지로 성장한다.

자질과 능력이 우수한 송아지는 우연히 생산되는 것이 아니라 과학적인 자료를 근거로 선발한 아비와 어미를 교배하므로 생산된다.

5. 송아지의 성은 어떻게 결정되나

최근 암수송아지의 가격차가 약 100만원에 이르고 있다. 암송아지가 수송아지보다 비싸다. 이런 경우 농가는 암송아지를 더 많이 낳기를 원한다. 이론적으로 암수송아지의 성비 는 50 : 50이다.

성은 정자에 의하여 결정된다. 모든 난자는 X-성염색체를 가지는 X-난자이나 정자는 X-성염색체와 Y-성염색체를 가지고 있는 X-정자와 Y-정자의 두 가지 종류가 있다. 따라서 X-정자가 난자와 결합하여 발생한 수정란은 암송아지(XX)로 태어나고, Y-정자가 난자와 결합하여 발생한 수정란은 수송아지(XY)로 태어난다. 정소 내에서 X-정자와 Y-정자는 50 : 50으로 형성되기 때문에 송아지의 암 · 수 성비는 확률적으로 50 : 50이 된다.

그러나 실제 태어나는 송아지의 성비는 암소의 개체, 연령, 산차 및 연도에 따라 차이가 있다. 어느 개체는 계속 암송아지만 생산하는가 하면, 어느 개체는 계속 수송아지만 생산하며 어느 해에는 암송아지가 많이 태어나는가 하면, 또 어느 해에는 수송아지가 많이 태어나기도 한다.

최근 이식 전 수정란을 성 판별 후 이식하여 선호하는 성의 송아지를 생산하려는 연구가 진행되고 있다. 2005년 5월 24일 농촌진흥청 국립축산과학원은 유전자증폭방식(LAMP)으로 이식 전 수정란의 성을 판별하여 암 수정란으로 예상되는 수정란을 이식하여 송아지 2두를 생산하였는데 2두 다 암송아지였으며 수정란의 성 판별 정확도는 83%이라고 보고하였다. 이 기술이 실용화되려면 이식 전 성 판별한 수정란의 이식에 의한 수태율이 높아져야 한다.

X-정자와 Y-정자를 분리하여 각각의 정자로 인공수정하면 암수송아지를 임의로 생산할 수 있다. X-정자와 Y-정자를 분리하는 기술은 개발되었으나 문제점이 많아 아직도 실용화되고 있지 못하다.

6. 한우 번식우는 혈통등록우를 다산하는 것이 경제적으로 유리하다

필자는 2002년 2월 천안시 성남면에 번우가축생명과학연구소를 개설하고 한우 번식우를 사육하기로 하고 3월 시중에서 6개 월령 암송아지 6두를 구입하고, 5월에 모 목장에서 6~8개월령 혈통등록과 고등등록 암송아지 10두를 구입하였다. 시중에서 구입한 송아지는 한국종축개량협회에 기초등록하였다. 분만한 암송아지 중에서 4두를 늘려 총 20두를 사육하여 왔다. 처음 구입한 암송아지들은 2007년 3월부터 5산을 하기 시작하였다. 본인의 연령의 한계성과 5산에서 6산으로 갈 것인지, 한미 FTA 협상 타결 등을 고려하여 연구소를 정리하기로 하였다. 그래서 2007년 4월을 기점으로 1~2산한 암소 3두는 번식우로 농가에 판매하고, 나머지 17두는 분만과 동시에 비육을 하여 공판장으로 출하하였다.

비육사료는 퓨리나 한우사랑 600을 급여하였다. 1주일간에 걸쳐 번식우사료를 비육사료로 점차적으로 바꾸어 자유급여 하였으며, 아침 7시에 두당/1일 퓨리나 티엠알 0.5kg과 짚 0.5kg을 급여하였다. 비육개시 후 5개월 후부터 비육 상태를 관찰하여 비육이 완료되었다고 판단된 것을 2두씩 농협 서울과 부천 공판장에 출하하였다. 2007년 9월부터 출하를 시작하여 2008년 3월에 출하가 완료되었다. 그간 공판장에서 보내준 자료를 정리하여 2개의 표를 작성하였다.

1) 암소의 산차별 도체의 품질과 가격

표 1에서 보는바와 같이 총 17두의 암소의 평균 생체중은 595kg이었으며 5산의 평균은 598kg, 4산의 평균은 559kg, 1산의 평균은 617kg이였다. 1산의 평균이 617kg인 것으로 보아 한우 암소는 1산 후 충분히 비육시키면 개체에 따라 차이가 있겠지만 생체중이 600kg에 육박할 것으로 생각된다. 총 17두의 암소의 평균 지육량은 347kg이었으며 5산의 평균은 351kg, 4산의 평균은 333kg, 1산의 평균은 357kg이었다. 총 17두 암소의 평균 지육률은 58.3%로 01-11, 01-12, 01-15와 같이 60%에 가까운 개체가 있으나 대부분 60%에 못 미치는 것을 알 수 있다. 등급을 보면 1등급이 23%, 2등급이 53%, 3등급이 24%이다. 등급은 근내지방도에 따라 결정되는데 성숙도가 8이상이면 한 등급을 낮추는 것으로 알고 있다. 그래서인지 근내지방도가 41~53이면 1등급인데 01-37과 01-31은 근내지방도가 각각 52로 1등급에 해당하나 성숙도 8로 한 등급 내려 2등급이 되었다. 5산우 13두 중 성숙도가 8이 5두, 7이 7두 6이 1두로 5산우라고 하여 모두 성숙도가 8이 되는 것이 아니라는 것도 참고해야 할 것이다. 총 17두 암소의 평균 등지방두께는 15.8mm이였으며 5산의 평균은 17mm, 4산의 평균은 14mm, 1산의 평균은 10.5mm로 산차가 작을수록 등지방두께가 얇았다. 총 17두 한우의 평균 등심단면적은 80cm^{2}이었으며 5산의 평균은 80.4cm^2, 4산의 평균은 75cm^2, 1산의 평균은 83cm^{2}로 산차간에는 차이가 없고 개체간에 차이가 심하다. 01-37과 01-14는 등심단면적이 각각 94cm^{2}로 넓다. 총 17두 암소의 평균 근내지방도는 34.2이었으며 5산의 평균은 33.1, 4산의 평균은 43, 1산의 평균은 32.5로 4산이 약간 높으나 산차간에는 차이가 없으며 개체간에 차이가 많다. 근내지방도는 01-37이 52, 01-31이 52, 01-38이 53, 01-35이 51, 01-36이 63으로 높다.

표 1. 출하 암소의 산차별 도체의 품질과 가격

산차	명 호	생체중(kg)	지육량(kg)	지육률(%)	성숙도	등급	등지방두께(mm)	등심단면적(cm^2)	근내지방도	지육단가(원)	지육금액(원)	경 락 년월일	공판장
5	01-11	580	352	60.7	8	3C	26	78	12	10,549	3,713,248	07. 9.12.	부천
	01-13	624	365	58.9	7	2C	21	81	32	12,200	4,489,600	07.10.26.	서울
	01-33	610	352	57.7	8	2B	8	72	23	11,819	4,160,288	07.10.26.	서울
	01-37	608	364	59.8	8	2C	23	94	52	12,215	4,446,260	07.11.14.	부천
	01-31	541	320	59.0	8	2B	15	74	52	13,685	4,379,200	07.11.14.	부천
	01-34	560	322	57.5	7	2B	9	75	32	13,389	4,311,258	07.11.29.	부천
	01-38	606	356	58.7	7	1C	25	76	53	13,199	4,698.844	07.11.29.	부천
	01-14	528	307	58.1	6	2B	15	94	23	12,699	3,898,593	07.12. 7.	부천
	01-16	638	375	58.7	7	3C	26	77	13	9,487	3,557,625	07.12.20.	부천
	01-29	578	333	57.6	7	2A	6	83	33	12,899	4,295,367	07.12.20.	부천
	01-35	652	374	57.3	7	1B	14	76	51	13,949	5,216,926	08. 2.13.	서울
	01-12	592	352	59.1	7	2B	15	84	33	12,799	4,505,248	08. 3.11.	서울
	01-15	658	394	59.8	8	3C	18	82	22	10,606	4,178,764	08. 3.11.	서울
	평균	598	351	58.6	–	–	17	80.4	33.1	12,272	4,296,247	–	–
4	01-19	522	306	58.6	8	3B	15	68	23	11,589	3,546,234	07. 9.12.	부천
	01-36	596	326	54.6	7	1+B	13	82	63	15,818	5,156,668	07.12. 7.	부천
	평균	559	316	56.5	–	–	14	75	43	13,703	4,351,451	–	–
1	04-35	668	381	57.0	5	2B	11	79	23	12,120	4,617,720	08. 2.13.	서울
	05-13	565	333	58.9	4	1A	10	87	42	15,911	5,298,363	08. 3.11.	서울
	평균	617	357	57.8	–	–	10.5	83	32.5	14,015	4,958,041	–	–
총 평균		595	347	58.3	–	–	15.8	80	34.2	12,638	4,380,600	–	–

(번우가축생명과학연구소, 2008)

총 17두 암소의 평균 지육단가는 kg당 12,638원이었으며 5산의 평균은 12,272원, 4산의 평균은 13,703원, 1산의 평균 14,015원으로 산차가 적을수록 단가가 높았다. 즉 지육단가는 1산이 5산보다 1,743원 높다. 총 17두 암소의 평균 지육금액은 4,380,600원이었으며 5산의 평균이 4,296,247원, 4산의 평균이 4,351,451원, 1산의 평균이 4,958,041원으로 5산보다 4산이 606,587원, 1산이 661,794원 많았다. 즉 5산 후 비육하여 출하하면 1산 후 비육하여 출하하는 것보다 661,794원을, 4산 후 비육하여 출하하면 606,587원을 각각 손해 본다고 할 수 있다. 그러나 2산, 3산, 4산, 5산한 송아지를 판매하여 얻은 수익을 합산하여 생각하면 암소를 1산 후 비육하여 출하하는 것보다는 오히려 송아지를 5산하고 암소를 비육하여 출하하는 것이 훨씬 경제적으로 득이라고 할 수 있다.

2) 암소의 혈통 및 고등등록별 도체의 품질과 가격

비육 출하한 암소의 도체의 품질과 가격을 기초, 혈통, 고등등록우 별로 정리하였다. 표 2에서 보는바와 같이 평균 생체중은 기초가 603kg, 혈통이 611kg, 고등이 579kg로 고등이 약간 적으나 혈통간에 차이가 없다. 평균 지육량은 기초 358kg, 혈통 358kg, 고등 333kg로 고등이 약간 적으나 혈통간에 차이가 없다. 평균 지육률은 기초 59.2%, 혈통 58.6%, 고등 57.4%로 혈통과 고등이 약간 적으나 차이가 없다. 등급은 3등급이 기초 3, 혈통 0, 고등 1로 기초가 혈통과 고등보다 많다. 3등급이 형통에서 0인 것은 4마리 중 2마리가 1산이기 때문이다. 평균 등지방두께는 기초 20mm, 혈통 17mm, 고등 11.4mm로 혈통에는 1산우가 2두, 고등에는 4산우가

표 2. 출하 암소의 혈통 및 고등등록별 도체의 품질과 가격

등록	명 호	산차	생체중(kg)	지육량(kg)	지육률(%)	성숙도	등급	등지방두께(mm)	등심단면적(cm^2)	근내지방도	지육단가(원)	지육금액(원)	경 락 년월일
기초	01-11	5	580	352	60.7	8	3C	26	78	12	10,549	3,713,248	07. 9.12.
	01-12	5	592	352	59.1	7	2B	15	84	51	12,799	4,505,248	08. 3.11.
	01-13	5	624	368	58.9	7	2B	21	81	32	12,200	4,489,600	07.10.26.
	01-14	5	528	307	58.1	6	2B	15	94	23	12,699	3,898,593	07.12. 7.
	01-15	5	658	394	59.8	8	3C	18	82	22	10,606	4,178,764	08. 3.11.
	01-16	5	638	375	58.7	7	3C	26	77	13	9,487	3,557,625	07.12.20.
	평균	-	603	358	59.2	-	-	20	82.6	25.5	11,388	4,060,179	-
혈통	01-37	5	608	364	59.8	8	2C	23	94	52	12,215	4,446,260	07.11.14
	01-38	5	606	356	58.7	7	1C	25	76	53	13,199	4,698,844	07.11.29.
	04-35	1	668	381	57.0	5	2B	11	79	23	12,120	4,617,720	08. 2.13.
	05-13	1	565	333	58.9	4	1A	10	87	42	15,911	5,298,363	08. 3.11.
	평균	-	611	358	58.6	-	-	17	84	42.5	13,361	4,765,296	-
고등	01-19	4	522	306	58.6	8	3B	15	68	23	11,589	3,546,234	07.9.12.
	01-29	5	578	333	57.6	7	2A	6	83	33	12,899	4,295,367	07.12.20
	01-31	5	541	320	59.0	8	2B	15	74	52	13,685	4,379,200	07.11.14.
	01-33	5	610	352	57.7	7	2B	8	72	23	11,819	4,160,288	07.10.26.
	01-34	5	560	322	57.5	7	2B	9	75	32	13,389	4,311,258	07.11.29.
	01-35	5	652	374	57.3	7	1B	14	76	51	13,949	5,216,926	08. 2.13.
	01-36	4	596	326	54.6	7	1+B	13	82	63	15,818	5,156,668	07.12. 7.
	평균	-	579	333	57.4	-	-	11.4	75.7	39.5	13,306	4,435,420	-

(번우가축생면공학연구소, 2008)

2두 포함되어 있기는 하지만 기초가 혈통과 고등보다 두껍다. 평균 등심단면적은 기초가 82.6cm², 혈통 84cm², 고등 75.7cm²로 혈통이 기초와 고등보다 약간 넓다. 평균 근내지방도는 기초가 25.5, 혈통 42.5, 고등 39.5로 혈통과 고등이 기초보다 훨씬 높다. 근내지방도가 41~53

이면 1등급이다. 등급을 결정하는 근내지방도가 기초보다 혈통과 고등이 높다는 것은 혈통과 고등등록우가 근내지방도에서 개량이 되었으며, 따라서 등급이 높아 지육단가를 높이 받게 된다. 평균 지육단가는 기초가 11,388원, 혈통이 13,361원, 고등이 15,818원으로 기초보다 혈통이 1,973원, 고등이 1,918원 높다. 평균 지육금액은 기초가 4,060,179원, 혈통이 4,765,296원, 고등이 4,435,420원으로 기초보다 혈통이 705,117원, 고등이 375,241원 많다. 따라서 암소를 번식을 중단하고 비육하여 출하하는 경우 혈통과 고등등록우가 기초등록우 보다 경제적으로 훨씬 유리하다.

결론적으로 암소는 1산우보다는 5산우를 기초등록우보다는 혈통과 고등등록우를 비육하여 출하하는 것이 훨씬 경제적으로 유리하다.

7. 송아지를 팔 때는 인공수정 증명서와 혈통증명서를 건네주자

본인은 한우를 기르기 위하여 2002년 3월 13일 우시장에서 6개월령 암송아지 6두를 중개인의 소개로 구입하였다. 생후 6개월령 이라는 것만 알았지 송아지에 대하여 생년월일, 아버지와 어머니 등 아는 것이 전혀 없다. 송아지를 사육하면서 관리하기 위하여 모든 송아지에 명호와 생년월일을 부여하였다.

기르고 있는 소에 대하여 꼭 필요한 자료는 생년월일, 부모와 조부모의 명호 그리고 부의 생산형질의 유전능력이다. 이 자료들을 얻기 위하여 모든 송아지에 대하여 인공수정 증명서와 혈통증명서를 확보하는 것이 필요하다.

본 연구소에서는 자체에서 혈통증명서를 작성하였는데 다음 페이지에서 보는바와 같다.

인공수정 증명서는 송아지의 아비를 공식적으로 증명하는 자료가 되며, 아비의 생산형질의 유전능력으로부터 송아지의 생산형질의 유전능력을 추정할 수 있는 자료가 된다. 혈통증명서는 부뿐만 아니라 조부의 생산형질의 유전능력을 추정할 수 있어 송아지의 장래를 예측할 수 있고, 암송아지의 경우에는 앞으로 교배계획을 세우는 데 도움이 되고, 수송아지의 경우에는 비육했을 때 육질등급을 예측하는 데 도움이 된다.

혈통증명서에서 보는바와 같이 03-33 송아지의 아버지는 KPN-279로 KPN-279의 생산형질의 유전능력, 즉 육종가를 보면 냉도체중은 9,907kg으로 매우 높다. 이는 앞으로 03-33의 냉도체중이 클 것을 예견할 수 있으며, 이 송아지는 성장이 좋고 큰 소로 성장할 가능성을 내포하고 있다. 한편 배최장근단면적의 육종가도 1.68cm^{2}로 커서 이 송아지는 도축되었을 때 도체의 배최장근단면적이 크게 나타날 것을 예고하고 있다. 한편 근내지방도의 육종가는 0.88로 낮은 편이어서 비육했을 때 근내지방의 침착은 그리 좋지 않을 것을 예고하고 있다. 03-33 송아지는 현재 생 후 7개월령인데 발육이 매우 좋은 편이며 앞으로 체구가 큰 소로 성숙할 가능성

송아지 혈통증명서

명　　호 : 03−33　　　　　성 : 암
생 년 월 일 : 2003년 6월 12일
산　　지 : 천안시 성남면 용원리 208−1
생 산 기 관 : 번우가축생명과학연구소

혈　통

부 : KPN−279
모 : 01−33
조부 : KPN−232
조모 : 2449

부의 생산 형질의 유전능력

구 분	냉도체중	배최장근단면적	근내지방도
육종가	9,907kg	1.68cm^2	0.88

위 송아지의 혈통을 증명함

2003년 11월 24일

번우가축생명과학연구소 소장
서울대학교 명예교수　　임　경　순　인

을 엿보이고 있다.

또한 송아지의 산지와 생산기관을 알게 되므로 생산기관이 송아지를 잘 기르고 혈통을 잘 관리하고 있는지를 확인할 수 있으며 송아지를 안심하고 구입할 수 있다. 본 연구소에서는 2003년 11월 24일 암송아지 5두와 수송아지 2두를 판매하였는데 인공수정 증명서와 혈통증명서를 구입자에게 건네주었다.

송아지의 인공수정 증명서와 혈통증명서를 건네받은 농가는 그 송아지를 사육하고 관리하는데 그 자료를 유용하게 활용해야 한다. 송아지를 구입한 농가가 구입한 송아지를 잘 키우고 관리하도록 송아지를 판매할 때는 인공수정 증명서와 혈통증명서를 꼭 건네주는 것이 바람직하다.

8. 계통우는 어떻게 만들어 가나

계통우는 번식능력과 산육능력이 우수한 번식우를 말한다. 다두사육 농가와 육종농가는 계통우를 만들어가야 한다. 이런 농가에서 자체보유 후보로 암송아지를 남겨 놓을 때는 생산된 암송아지 중에서 제일 좋고 어미보다도 능력이 좋아질 암송아지를 남겨 놓아야 한다. 좋은 송아지를 팔면 값을 많이 받아 일시적으로 수입은 많아지지만 자기 농장의 우군 전체의 능력은 떨어지며 언젠가는 우군의 능력을 높이기 위하여 다른 농장에서 비싸게 밑 소를 사와야 한다. 번식능력과 산육능력이 우수한 송아지라고 판정하려면 자체에서 얻은 정보와 팔려간 송아지들의 정보가 필요하다.

어머니의 능력이 얼마만큼 송아지에 유전하는지는 정확하게 알 수 없지만 좋은 어머니의 암송아지를 선택하여 후계자로 보유하는 것은 매우 중요하다. 좋은 어머니란 번식능력과 송아지를 기르는 능력이 좋고 그 아버지의 생산형질인 냉도체, 배최장근단면적과 근내지방도의 유전능력이 좋고 그 어머니의 번식능력이 좋은 소를 말한다.

팔려간 송아지의 정보를 얻으려면 송아지를 사간 사람에게 전화를 걸어 송아지를 비육하여 팔았을 때 등급이 잘 나왔는지를 알아야 한다. 가능하면 송아지를 사간 농가를 방문하여 사간 송아지들이 잘 자라고 잘 비육되고 있는지를 직접 알아보는 것도 바람직하다.

집에서 생산한 수송아지를 집에서 직접 비육하여 판매하는 경우는 어느 암소의 송아지에서 비육 후 좋은 등급이 나왔는지를 알 수 있으며, 좋은 등급이 나온 수송아지의 어미나 그 어미의 암송아지를 자체 보유하여 번식에 공용하면 계통우가 조성된다.

소는 세대간격이 길므로 계통우를 조성하려면 오랜 세월이 걸리며 번식우에서 나오는 성적을 잘 정리하고 관리해가며 분석을 해야 한다. 자가 수정란이식을 도입하면 계통우 조성기간이 단축되고 계통우를 확립하는 데 도움이 된다. 자체 암소 중에서 능력이 우수한 암소에서 채란한 수정란을 수란우에 이식하여 송아지를 생산하면 짧은기간 내에 우수한 송아지를 다수 생산할 수 있으며 이들 송아지 중에서 우수한 암송아지를 자체 보유하면 계통우가 조성된다. 계통우가 조성된 다두 사육농가나 육종농가는 송아지를 비싸게 팔 수 있으므로 경영의 안정을 기할 수 있다.

한 우

100문 100답

(육종 · 번식 · 사양 · 비육 · 질병)

제2장 번식

9. 발정이 오면 어떤 징후를 보이는가

발정이 오면 정서적으로 불안한 상태를 보이며 돌아다니기 때문에 보행이 평상시보다 2~4배 많아진다. 그래서 발목에 보행 측정기를 달면 발정난 소를 발견할 수 있다. 때로, 귀를 기우리기도 하고 때때로 소리를 지르며 운다. 식욕이 떨어져 사료를 덜 먹고 반추가 줄어들거나 중단되기도 한다. 여러 마리를 함께 기르는 경우에는 발정한 소가 다른 소를 기어오르거나 다른 소가 발정한 소를 기어오르곤 한다. 수소를 허용하는 시기가 되면 다른 소가 올라타면 가만히 서서 버티고 있다. 외음부는 붓고 음순을 약간 벌려 보면 충혈이 되어있고 점액으로 젖어 있어 미끄럽게 보인다. 다른 소를 올라탈 때 맑은 점액이 흐르거나 흘렀던 점액이 꼬리나 엉덩이 부근에 붙어 있다.

질경을 사용하여 질 내를 보면 점막은 습윤하고 충혈되어 있으며 질 밑에는 점액이 고여 있고 자궁 외구는 충혈되어 있으며 느슨하게 열려있거나 점액이 흐르고 있다.

10. 어떤 발정징후가 수정적기에 해당하는지

외음부는 발정전기부터 차츰 붓기 시작하여 발정최성기에 가장 많이 부어있는 상태가 되며, 수정적기에는 약간 가라앉게 된다. 점액 양은 발정초기에 적으며 발정중기에 분비량이 많아져 발정말기로 갈수록 적어진다. 수정시에 많은 점액이 유출하면 수정적기에 들어갔다고 할 수 있으며, 점액이 소량이거나 전혀 비치지 않으면 수정적기 이전이나 수정적기가 지났다고 추정할 수 있다. 점액의 점조도는 점액의 양과 상관관계를 보여주는데 발정초기에는 점조도가 낮아 물과 같이 투명하나 수정적기에 들어서면 점조도가 약간 증가하고 수정적기를 벗어나면 점조도는 상당히 높아져 혼탁하다.

질점막의 광택은 점액의 점조도와 같은 경향을 나타내며 수정적기에는 질점막에 광택이 있고 광택이 식별할 수 있을 정도로 흐려진 것은 수정적기를 벗어났다고 보아야 한다. 발정한 소는 다른 소를 올라타기도 하고 또 다른 소를 태우기도 한다. 발정초기에는 다른 소에 올라타며 발정이 진행됨에 따라 그 빈도가 증가한다. 발정중기나 말기에 이르면 다른 소를 태우는 빈도가 늘어난다. 수정적기에 있는 소는 다른 소가 올라탔을 때 도망가지 않고 가만히 버티고 서있다. 자궁경구는 수정적기에 들어가면 충혈되어 붓고 자궁경구가 열려 느슨한 상태가 된다.

11. 어떻게 하면 발정난 소를 꼭 찾아낼 수 있는가

발정난 소를 잘 찾아내려면 발정증후를 잘 알아두어야 한다. 그리고 하루에 오전 오후 2회 소들을 주의 깊게 관찰해야 한다. 소는 약 60%가 아침에 발정이 오고, 40%가 오후에 발정이 온다. 따라서 오전에만 관찰을 하면 발정이 온 소의 40%를 놓치게 되고, 오후에만 관찰을 하면 발정이 온 소의 60%를 놓치게 된다. 특히 새벽 0시에서 6시 사이에 40%가 발정이 오므로 아침 6시까지의 발정 관찰은 무엇보다 중요하다. 그러므로 아침 일어나자마자 맨 먼저 우사에 들려 소들을 관찰하는 것은 발정한 소를 발견할 수 있는 좋은 방법이다.

발정을 발견하는 방법으로 시판하는 발정검출기(kamar, 카마르)를 엉덩이뼈와 꼬리뼈 사이에 부착한다. 발정검출기를 부착한 소가 발정이 와서 다른 소가 올라타면 이 발정검출기가 올라탄 소의 가슴에 눌리게 되며 누르는 압력에 의하여 발정검출기 안에 들어 있든 붉은 염색액이 누출되어 퍼져 전체가 붉게 보인다. 염색액이 누출되려면 2~3번의 승가와 충분한 압력이 있어야 한다. 발정검출기의 부착 부위는 발정 올 소의 크기와 올라탈 소의 크기에 따라 달라진다. 소들이 클수록 발정검출기는 꼬리 시작 부위에 붙인다. 많은 승가로 발정검출기가 떨어져 버리므로 발정검출기가 떨어져 없는 것은 발정이 왔다는 표시가 될 수 있다.

발정검출용 시판 페인트나 일반 시판 페인트를 꼬리가 시작되는 부위에 길이 20cm 폭 3~5cm 두텁게 칠한다. 꼬리에 페인트를 칠한 소가 발정이 와 다른 소들이 여러번 올라타면 페인트가 지워져 발정이 온 것을 알게 된다.

이 두 방법은 소를 붙들어 발정검출기를 달거나 페인트를 칠해야 하는 노동력을 요하며, 너무 이 방법에 의존하면 발정관찰을 등한시하기가 쉽다.

12. 발정 온 소를 집중적으로 알려주는 소가 있다

발정이 온 소를 발견하는 지침 가운데 하나는 발정이 온 소를 발정이 오지 않은 소가 올라타는 징후이다. 발정이 오지 않은 소가 발정이 온 소를 올라타는 이유는 페르몬을 들고 있다. 발정이 온 소는 음부에서 페르몬이 나오는데 이 페르몬은 어떤 특이한 물질로서 공중에 확산되어 동료를 자극하여 승가행위를 유발한다. 번식우를 개방우사에서 여러 마리 같이 사육할 때 한 암소가 발정이 오면 발정이 오지 않은 모든 동료소가 발정이 온 소를 올라타는 것이 아니라 그 중에서 몇 마리만 관심을 가지고 올라타는 것을 볼 수 있다. 경우에 따라서는 특히 두 마리가 집중적으로 올라타고 태우는 것을 볼 수 있다. 이런 때는 이 두 마리 중에 어느 것이 발정이 왔는지를 구분하기 어렵다. 이런 때는 승가하는 현상 외에 다른 지침을 참고해야만 발정 온 소를 가려낼 수 있다. 두 소 중 어느 소가 재발 예정에 있는 소인지, 어느 소가 인공수정하여 60일 이상 발정이 오지 않은 임신한 소인지, 외음부가 부어 있는지 또는 외음부에서 점액이 보이는 소인지를 분별하여 발정이 온 소를 가려낸다. 그리고 한 소를 여러 마리가 올라타면 여러 마리를 올라태운 소가 발정이 온 소다. 왜 발정한 소를 몇 마리만이 특히 어떤 개체들만이 집중적으로 올라타는지를 설명할 수는 없으나 페르몬을 인지하는 수용체의 기능이 개체에 따라 그리고 생리시기에 따라 다르지 않는가 생각된다.

발정이 온 소가 발정이 오지 않은 소를 올라타는 성욕의 표시와 발정이 오지 않은 소가 발정이 온 소를 올라타는 페르몬의 자극현상은 발정이 온 소를 부각시켜 번식효율을 높이려는 본능적 생리현상이며 신비한 자연의 섭리이다. 이 자연의 섭리를 적절히 활용하는 것은 번식우를 기르는 양축가의 지혜의 영역에 속한다. 발정이 온 소를 쉽게 그리고 정확히 반드시 찾아내려면 번식우는 한 우방에 3～4두를 같이 기르는 것보다 개방우사에서 10두 이상 같이 기르는 것이 유리하다고 할 수 있다.

13. 발정은 어떻게 하여 21일 간격으로 오는지

발정은 암소가 성욕을 표시하는 증상이며 징후로 나타난다. 이 증후는 육안으로 관찰할 수 있는 외부적 증후와 직장검사와 질 검사로 확인할 수 있는 내부적 징후로 나눌 수 있다. 공통된 증후로는 거동의 변화, 식욕의 감퇴, 외음부 부종, 승가와 교배허용 등을 들 수 있다. 소는 임신하지 않는 한 평균 21일(18～24일) 간격으로 발정한다.

한우는 생후 12개월 전후가 되면 성 성숙 과정이 개시되면서 초 발정이 오며 그 후 평균 21일 간격으로 발정이 온다. 성 성숙이 되면 난소(그림 1) 중에 존재하는 원시난포는 뇌하수체에서 분비되는 FSH의 자극을 받아 제1차, 2차, 3차 난포를 거쳐 그라아프 난포로 성숙발달 한다. 제3차 난포 내에는 난포강이 형성되며 난포강에는 난포액으로 충만하게 된다.

난포의 내협막세포에서 분비된 에스트로겐(estrogen)은 난포액 중에 존재하며 이 에스트로겐은 혈액을 통하여 목표기관에 운반되어 발정의 외부적 징후와 내부적 징후를 나타낸다. 이 에스트로겐은 뇌하수체에서 FSH의 분비를 억제하고 배란에 관여하는 황체형성호르몬(LH)을

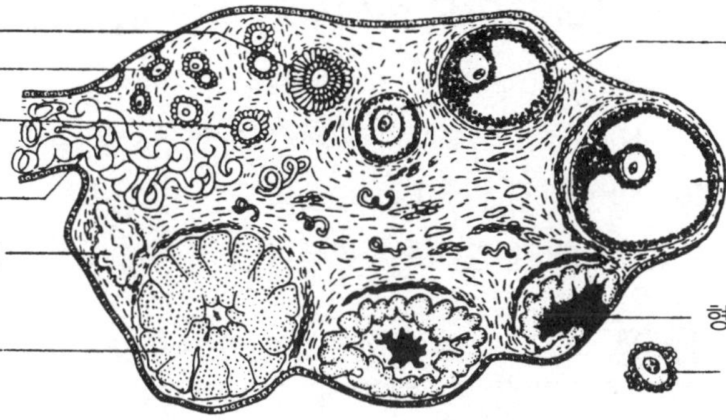

그림 1. 난소 내에서의 난포와 황체의 변화

분비케 한다. 이 LH는 난소에 작용하여 난포를 파열시켜 배란케 하고 배란된 자리에 황체를 형성케 한다. 이 황체는 착상과 임신유지에 관여하는 프로게스테론(progesterone)을 분비한다. 이 프로게스테론은 뇌하수체에서 LH의 분비를 억제하고 FSH를 분비케 한다.

소에서 황체는 발정주기 3~12일에 발달하여 발정주기 16일에 퇴행한다. 임신이 되지 않으면 자궁에서 프로스타글란딘(PGF$_{2\alpha}$)이 분비되며 이 프로스타글란딘은 황체를 퇴행시킨다. 황체가 퇴행 후 그라프란포가 다시 성숙발달하기까지는 4~5일이 소요된다. 이렇게 하여 발정주기는 평균 21일 간격으로 반복된다.

14. 분만 후 발정은 언제 오며 발정이 오지 않을 때는 어떻게 하는가

분만 후 다시 발정이 오려면 우선 임신으로 확장되었던 자궁이 원상태로 완전히 수축이 되고 자궁이 완전히 회복되면서 난소의 기능이 시작되어야 한다. 소의 자궁은 분만 후 수축을 개시하며 자궁의 수축 속도는 소의 운동과 영양에 영향을 받는다. 소는 분만 후 자궁이 완전히 회복될 때까지 약 35~40일이 소요된다. 일반적으로 송아지가 젖을 빨면 자궁의 수축 속도가 촉진되는 것으로 보고되고 있다. 따라서 분만 후 발정이 오는 시기는 젖소보다는 한우가 빠른 것으로 되어 있다. 분만 후 무발정 기간은 임신 말기와 비유초기의 영양상태에 영향을 받는다.

본 번우 연구소에서 2003년에 분만한 초산우 13두에 대하여 조사한 분만 후 발정일은 자연발정우 9두에서 28~46일로 평균 33.6일 이었다. 분만 후 38~65일에 발정이 오지 않은 4두에 루테라이스를 1~2회 주사하였더니 분만 후 46~68일 평균 55.5일에 발정이 왔다. 본 조사결과를 토대로 말한다면 한우는 약 70%가 분만 후 45일 이내에 자연적으로 발정이 오며 빠른 것은 30일 이내 자연적으로 발정이 온다. 따라서 분만 후 30~45일이 경과하였는데도 발정이 오지 않는 경우에는 루테라이스를 1~2회 근육주사하여 발정을 유도하는 것이 바람직하다.

15. 본 연구소에서 산출한 한우 번식우의 임신기간과 송아지의 성비

필자는 2002년 2월 천안시 성남면에 번우가축생명과학연구소를 설립하고 한우 번식우 20두를 사육하기 시작하여 2007년 4월 현재 5산을 하고 있다. 그간 나온 성적으로 임신기간과 송아지의 성비를 정리하여 보았더니 약간 흥미로운 현상이 있어 소개한다.

표 1. 한우 번식우의 개체 및 산차별 임신기간(일)

명 호	산 차					평 균	임신기간		암	수
	1	2	3	4	5		긴 소	짧은소		
01-11	292	285	286	288	287	287.6				
01-12	282	282	289	287		285		0		
01-13	286	277	278	285		281.5		0		
01-14	289	286	286	289	291	288.2				
01-15	285	284	286	292	286.7					
01-16	291	286	299	297	293	293.2	0			
01-19	287	300	294	295		294.6	0			
01-29	287	293	285	290		288.7				
01-31	281	292	290	286	294.2	288.6				
01-33	280	282	291	293		286.5				
01-34	291	289	289	291		290	0			
01-35	284	288	281	294		286.7				
01-36	278	292	290	290		287.5				
01-37	294	292	291	297		293.5	0			
01-38	–	292	284	290	294	290	0			
03-33	297	296			296.5					
03-37	277	290			283					
04-35	282	282								
04-36	271	271								
01-30	287	286	286.5							
평 균	285	288.4	287.9	290.4	290.7	288.5			286.7	289.8

(번우연구소, 2007. 4)

1) 개체 및 산차별 임신기간

개체 및 산차별 임신기간은 표 1과 같다. 총 72표본의 평균 임신기간은 288.5일로 산출되었다. 일반적으로 알려져 있는 한우의 평균 임신기간 285일보다 3일이 길다. 임신기간은 일반적으로 번식우의 연령, 영양, 기온, 계절 및 태아의 성에 의하여 영향을 받는 것으로 되어있다.

4산 이상의 번식우 15두의 개체간 평균 임신기간을 보면 290일 이상인 개체가 5두 있는데

반하여 285일 이하의 개체는 2두에 불과했다. 어느 개체가 임신기간이 길고 짧은가를 알고 있으면 분만 준비를 하는 데 도움이 된다. 임신기간이 긴 개체에 대하여는 분만이 늦어져도 느긋하게 가다릴 수 있다. 예로 평균 임신기간이 293일로 긴 01-37호는 1, 2, 3 및 4산차의 임신기간이 모두 290일 이상 이었다. 이런 개체는 분만이 늦어지더라도 분만을 느긋한 마음으로 기다릴 수 있다.

산차별 평균 임신기간은 1, 2, 3, 4 및 5산이 각각 285, 288, 288, 290 및 291일로 산차가 늘어날수록 임신기간이 길어지는 경향이 뚜렷하다. 따라서 산차가 많은 개체에 대하여는 분만을 느긋한 마음으로 기다릴 수 있다. 송아지의 성에 따른 평균 임신기간은 암수 송아지가 각각 286과 289일로 수송아지가 3일정도 길다. 따라서 일반적으로 예정일보다 빨리 나오면 암송아지이고, 늦게 나오면 수송아지라고 예견할 수 있으나 임신기간이 짧고 긴 소가 있으므로 예견이 들어맞기는 어렵다.

개체별 송아지의 성비는 표 2와 같다. 총 72표본의 암수비율은 51.3과 48.7%로 암송아지의 비율이 약간 높으나 통계적으로는 유의차가 없을 것으로 생각된다. 그런데 4~5산까지의 개체간의 성비를 보면 어떤 개체는 암송아지를 어떤 개체는 수송아지를 많이 낳는다. 예로 01-13과 01-36은 4산 전부 암송아지만 낳았는가하면 01-11과 01-16은 5산 중 4산은 수송아지를 낳았다. 사람도 아들만 낳는 산모와 딸만 낳는 산모가 있는 것처럼 한우도 수송아지만 낳는 암소와 암송아지만을 낳는 암소가 있다. 따라서 번식우로 암소를 선발하려고 할 때는 암송아지를 많이 낳는 암소를 남겨두고 수송아지를 많이 낳는 암소는 도태하는 것이 바람직하다. 또한 후보로 암송아지를 남겨놓을 때도 암송아지를 많이 낳는 암소의 송아지를 남겨두는 것이 바람직하게 생각된다.

한미 자유무역협정이 타결되어 미국산 소의 수입육의 관세가 매년 조금씩 줄어들어 15년 후에는 완전히 철폐된다. 이 기간 한우 번식농가는 경쟁력을 키워나가야 한다. 그러기 위해서는 번식우의 번식효율을 한층 높여 나가야 하며, 고급육을 생산하는 개량된 축군으로 계통을 조성해야 한다.

표 2. 개체별 송아지의 성비

명 호	산		차			성 비(%)	
	1	2	3	4	5	암	수
01-11	수	수	수	수	암	20	80
01-12	암	수	암	수		50	50
01-13	암	암	암	암		10	00
01-14	수	암	암	수	수	40	60
01-15	암	암	암	수		75	25
01-16	수	암	수	수	수	20	80
01-19	암	수	암	수		75	25
01-29	수	수	수	암		25	75
01-31	암	암	수	수	암	60	40
01-33	암	수	수	수		25	75
01-34	수	수	수	암		25	75
01-35	수	암	암	수		50	50
01-36	암	암	암	암		10	00
01-37	암	암	수	수		50	50
01-38	-	수	암	수	암	50	50
03-33	암	수					
03-37	수	암					
04-35	암						
04-36	암						
01-30	수	암					
평 균						51.3	48.7

(번우연구소, 2007. 4)

16. 한우 번식우의 분만 후 발정일수와 1수태당 수정횟수

필자는 2002년 2월 천안시 성남면에 번우가축생명과학연구소를 설립하고 한우 번식우 20두를 사육하기 시작하여 2007년 6월 현재 5산을 하고 있다. 종축개량지 2007년 5월호에 임신기간과 송아지 성비에 대하여 그간 나온 성적을 소개한 바 있다. 이번에는 분만 후 발정이 온 일수와 1수태당 수정횟수를 소개한다.

1) 분만 후 발정일수

개체 및 산차별 분만 후 발정일수는 표 1과 같다. 1산에서 5산까지 총 67표본의 평균 분만

표 1. 개체 및 산차별 분만 후 발정일수

명 호	산		차			평 균	발정일수	
	1	2	3	4	5		긴 소	짧은 소
01-11	56	47	32	53	–	47		○
01-12	46	63	49	96	–	63.5	○	
01-13	33	46	25	56	–	40		○
01-14	31	35	30	29	45	34		○
01-15	43	30	103	44	–	55	○	
01-16	30	33	33	39	–	33.8		○
01-19	48	33	34	72	–	46.8		○
01-29	52	71	36	78	–	59.3	○	
01-31	36	45	38	78	–	49.3		○
01-33	39	48	28	25	–	35		○
01-34	32	71	24	30	–	39.3		○
01-35	28	57	49	47	–	45.3		○
01-36	68	28	57	36	–	47.3		○
01-37	31	79	74	33	–	54.3	○	
01-38	49	52	36	41	–	44.5		○
01-33	62	107	–	–	–	84.5	○	
03-37	19	105	–	–	–	62	○	
04-35	60	–	–	–	–	60	○	
04-36	89	–	–	–	–	89	○	
평 균	44.8	55.8	43.2	50.5	45	48.5	8두	11두

* 긴 소 : 50일 이상, * 짧은 소 : 50일 이하 (번우연구소. 2007. 5)

후 발정이 온 일수는 48.5일이다. 총 67표본을 살펴보면 빠른 것은 03-37 1산차와 같이 분만 후 19일에 발정이 오는 것이 있는가하면 늦은 것은 01-15 3산차, 01-33 2산차, 03-37 2산차와 같이 분만 후 100일 전후하여 발정이 오는 것도 있다.

1산에서 4산까지 개체의 평균을 보면 분만 후 50일 이내에 발정이 온 소는 11두(58%)이고, 분만 후 50일 이후에 발정이 온 소는 8두(42%)로 분만 후 50일 이내에 발정이 온 소가 좀 많다. 그리고 산차별 평균 분만 후 발정일수는 1, 2, 3, 4 및 5산이 각각 44.8, 55.8, 43.2, 50.5 및 45일로 2산차에서 약간 길었으나 산차간에 차이는 없다. 분만 후 발정이 오는 일수는 소의 개체, 영양, 연령, 산차, 계절에 영향을 받는데, 특히 개체간에 차이가 많다. 예로 본 표본에서도 01-14, 01-16, 01-33같은 개체는 1산에서 4산까지 전 산차에 걸쳐 분만 후 50일 이내에 발정이 왔다. 반면 01-12는 1, 2, 3산에서는 분만 후 46~63일에 발정이 왔으나 4산에서는 분만 후 늦게 96일에 발정이 왔으며, 또한 01-15는 1, 2, 4산에서는 분만 후 30~44일에 발정이 왔으나 3산에서는 분만 후 103일에 늦게 발정이 오는 등 같은 개체에서도 산차간에 변이가 크게 나타났다. 표 1에서 보는바와 같이 표본의 40%(67중 27)는 분만 후 30일 전후하여 발정이 오므로 분만 후 발정 발견율을 높이기 위하여 분만 후 1개월 전후하여 개체가 발정이 오는지를 주의 깊게 관찰해야 할 것이다. 그리고 분만 후 8주(56일)가 되어도 발정이 오지 않는 소는 사양관리를 개선하거나 발정을 유도하는 조치를 취해야 한다. 1년에 1산을 하기 위하여 분만 후 80일 이내에 수태가 되어야 하며, 분만 후 80일 이내에 수태시키기 위하여 분만 후 50일 이내에 발정이 오도록 개체관리를 잘 해야 한다.

2) 1수태당 수정횟수

개체 및 산차별 1수태당 수정횟수는 표 2와 같다. 1산에서 5산까지 총 73표본의 1수태당 수정횟수는 평균 1.5회이다. 즉 수태하기까지 1.5회의 인공수정을 했다는 것이다. 수태율로 환산하면 66%라고 할 수 있다. 총 19두 중 1산에서 4~5산까지 1수태당 평균 수정횟수가 1.5회 이

표 2. 개체 및 산차별 1수태당 수정횟수

명 호	산 차					평 균	1수태당 수정횟수	
	1	2	3	4	5		적은 소	많은 소
01-11	2	1	2	1	1	1.4	○	
01-12	1	3	3	1	–	2.0		○
01-13	1	2	3	2	2	2.0		○
01-14	1	1	4	1	1	1.6		○
01-15	2	1	2	2	–	1.8		○
01-16	1	1	1	2	1	1.2	○	
01-19	–	1	2	2	–	1.6		○
01-29	–	1	1	1	–	1.0	○	
01-31	1	1	1	2	2	1.2	○	
01-33	1	1	1	4	2	2.0		○
01-34	1	1	1	2	1	1.2	○	
01-35	3	1	1	1	–	1.5	○	
01-36	1	1	4	1	–	1.8		○
01-37	2	1	1	1	1	1.2	○	
01-38	3	1	1	1	1	1.4	○	
03-33	3	1				2.0		○
03-37	2	–	–	–	–	1.5		○
04-35	2	–	–	–	–	2.0		○
04-36	2	–	–	–	–	2.0		○
평 균	1.7	1.2	1.8	1.6	1.2	1.5(66%)	9두	10두

* 적은 소 : 1.5이하, * 많은 소 : 1.5이상 (번우연구소, 2007. 5)

하인 개체는 9두(47%)였고, 1.5회 이상인 개체는 10두(53%)로 1.5회 이상에서 수태된 개체가 조금 많다. 그리고 산차별 1수태당 평균 수정횟수는 1, 2, 3, 4 및 5산이 각각 1.7, 1.2, 1.8, 1.6 및 1.2회로 1, 3 및 4산에서 많았고, 2와 5산에서 적었다. 01-16, 01-29, 01-31, 01-34, 01-37과 같은 6두의 개체는 1산에서 4~5산에 걸쳐 1수태당 수정횟수가 1.2회 이하로 아주 수태가 잘되는 소이다. 특히 01-19는 2, 3 및 4산 모두 단 1회 수정으로 수태되는 좋은 성적을 보였다. 한편 01-12, 01-13, 01-33은 1산에서 4~5산에 걸친 1수태당 평균 수정횟수가 2.0로 1수태당 수정횟수가 약간 많은 편이었다. 01-12는 2와 3산에서 1수태당 수정횟수가 3회로 많았으며, 01-13은 2, 3, 4, 및 5산에서 1수태당 수정횟수가 2~3회로 많았고, 01-33은 4산에서 1수태당 수정횟수가 4회로 많았다. 1수태당 수정횟수는 분만 후 발정이 오는 시기, 발정당시의 영양상태, 발정의 양부, 인공수정적기 등 여러 가지 요인에 의하여 영향을 받는다. 일반적으로 1수태당 수정횟수는 평균 1.7내외를 보이며, 본 연구소의 1수태당 평균 수정횟수 1.5회는 보통 이상의 좋은 성적이라고 볼 수 있다.

번식우가 효율적으로 번식이 진행되고 있는지는 분만 후 발정이 적당한 시기에 오고 있는지와 1수태당 수정횟수가 1.5회 이하로 낮게 나타나고 있는지를 파악하므로 정확히 평가할 수 있다. 발정을 잘 관찰하고 기록을 철저히 해야만 분만 후 발정일수와 1수태당 수정횟수를 파악할 수 있다.

17. 난포자극호르몬(Follicle Stimulating Hormone, FSH)은 어디에서 분비되며 어떤 생리작용을 하는가

난포자극호르몬(FSH)은 뇌하수체전엽의 호염기성세포에서 분비된다. FSH는 혈액 내 수용체와 결합하여 생식선인 난소 또는 정소에 운반된다. FSH는 난소에서 난포의 성숙과 성장을 자극하고 정소에서 정관 내에 있는 배아세포의 분화와 정자형성을 촉진한다.

암소가 발정이 오려면 난소에 있는 원시난포가 FSH의 자극을 받아 배란직전의 그라아프난포(Graafian follicle)로 성숙 발달해야 한다. 성숙 발달한 그라아프난포에서는 발정호르몬인 에스트로겐(estrogen)이 생성되며, 이 에스트로겐은 발정현상을 일으킨다.

암소가 발정을 일으키려면 뇌하수체에서 충분한 양의 FSH가 분비되어야하며, 난소에서는 FSH의 자극에 반응할 수 있는 원시난포가 준비되어야 한다. 분만 후 상당기간(30~60일) 암소가 발정이 오지 않는 것은 난소의 기능이 FSH에 반응할 만큼 충분히 회복되지 않았기 때문이다. 분만 후 난소기능의 회복은 암소의 영양상태에 좌우된다. 분만 후 영양이 좋으면 암소의 난소기능이 빨리 회복하여 빠르면 분만 후 30일 전후하여 난소가 FSH에 반응하여 발정이 오나 영양이 나쁘면 난소가 FSH에 반응하지 않아 발정이 오지 않는다.

뇌하수체에서의 FSH분비도 암소의 영양에 좌우된다. 분만 후 영양이 나쁘면 FSH의 분비가 활발하지 못하게 된다. FSH의 분비를 활성화하기 위하여 분만 후 소의 영양이 좋아야 한다.

18. 한우 번식우의 후산정체 발생률과 분만시간대

필자는 2002년 2월 천안시 성남면에 번우가축생명과학연구소를 설립하고 한우 번식우를 사육하기 시작하여 2007년 7월 현재 5산을 하고 있다. 종축개량지 2007년 7월호에 분만 후 발정일수와 1수태당 수정횟수에 대하여 그간 나온 성적을 소개한 바 있다. 이번에는 후산정체 발생률과 분만시간대를 소개한다.

1) 후산정체 발생률

후산정체는 송아지가 분만 후 태아태반의 융모가 모체태반의 궁부로부터 분리되지 않아 태아태반이 자궁 내에 정체되어 있는 상태를 말한다. 태아태반은 송아지가 만출 후 3~8시간 후에 배출되는 것이 보통인데 12시간이 지났는데도 불구하고 배출되지 않을 경우에는 후산이 정체되었다고 보아야 한다.

후산정체의 원인으로는 분만 후 진통의 미약, 자궁근육의 무력증 때문에 자궁수축이 잘되지 않는 경우, 평상시의 운동부족, 비타민 A와 E의 부족, 무기물로 옥도와 셀레늄 부족, 칼슘과 인 비율의 불균형, 농후사료 과다급여, 너무 살찜 등을 들 수 있다.

본 연구소에서는 아침에 두당 짚 1.5kg 와 티멤알 사료 2.5kg를 주고, 저녁에는 번식우 사료를 두당 2.5kg을 급여하고, 4월 중순부터 10월 중순까지 1주일에 2~3회 하루 1~2시간 초지에 방목을 실시하였다. 그리고 린칼블록을 자유로 먹도록 하였다.

본 연구소에서 집계한 개체 및 산차별 후산정체 발생률은 표 1과 같다. 총 78분만의 후산정체의 빈도는 25.6%로 약간 높게 나타났다. 산차별 발생률은 1, 2, 3, 4 및 5산이 각각 36.8, 22.2, 18.7, 26.6 및 20%로 1산과 4산에서 높았고, 2, 3 및 5산에서 낮았다. 특히 초산에서 높게 나타났다. 후산정체의 발생빈도는 개체간에 차이가 많았다. 발생빈도가 30%이상 높은 소는 20두 중 7두로 35%였으며 발생빈도가 30%이하로 낮은 소는 20두 중 13두로 65%였다.

예로 01-14는 5산 중 3산에서 후상정체가 나타나 후산정체 발생률이 60%로 높았으며, 01-35, 01-38은 4산 중 2산(50%)에서 후산정체가 나타났고, 01-29. 01-31은 5산 중에서 2산(40%)에서 후산정체가 나타났다. 한편 01-33, 01-34는 5산 중에서 한 번도 후산정체가 없어 후산정체 발생률 0%를 보여주었으며, 01-36은 4산 중에 후산정체가 한 번도 없었고, 01-37은 3산, 03-33은 2산 중에 후산정체가 한 번도 없었다.

표 1. 개체 및 산차별 후산정체 발생률

명 호	산				차		발생률(%)	
	1	2	3	4	5	평균(%)	높은 소	낮은 소
01-11	+	−	−	−	−	20		0
01-12	+	−	−	−	*	25		0
01-13	+	−	−	−	−	20		0
01-14	−	−	+	+	+	60	0	
01-15	−	−	+	−	*	25		0
01-16	+	−	−	−	−	20		0
01-19	−	+	−	−	*	25		0
01-29	−	+	−	+	−	40	0	
01-30	−	−	*	*	*	0		0
01-31	+	+	−	−	−	40	0	
01-33	−	−	−	−	−	0		0
01-34	−	−	−	−	−	0		0
01-35	−	−	+	+	*	50	0	
01-36	−	−	−	−	*	0		0
01-37	−	−	−	+	−	20		0
01-38	*	+	−	−	+	50	0	
03-33	−	−	*	*	*	0		0
03-37	−	−	−	*	*	0		0
04-35	+	*	*	*	*	100	0	
04-36	+	*	*	*	*	100	0	
평균(%)	36.8	22.2	18.7	26.6	20.0	25.6	7두(35)	13두(65)

높은 소 : 30%이상, 낮은 소 : 30%이하, + : 후산정체, − : 정상, * : 표본 없음. (번우연구소. 2007. 7)

결론적으로 한우의 후산정체 발생률은 25% 전후로 약간 높은 것으로 볼 수 있으며 후산정체 발생빈도는 개체간에 차이가 많다고 할 수 있다. 본 연구소에서는 후상정체 발생시 분만 후 1~2일 사이에 수의사를 불러 조치를 하였으므로 후산정체로 인하여 다음 산차의 수태에 별 영향이 없었다.

개체 및 산차별 후산정체 발생여부를 잘 기록해 놓으므로 후산정체가 잘 일어나는 개체와 일어나지 않는 개체를 분별할 수 있으며, 후산정체의 원인도 구명하고 후산정체의 올바른 조치를 취할 수 있고 후산정체로 인한 수태율의 저하와 번식장해를 예방할 수 있다.

2) 개체 및 산차별 분만시간대

사람이 소를 관리할 수 있는 시간대인 아침 6시에서 밤 10시 사이에 대부분의 번식우 어미소가 송아지를 분만하도록 유도가 된다면 어미가 난산할 때 그 조치를 취할 수 있고, 분만한 송아지를 돌볼 수 있으며, 어미가 분만한 송아지를 잘 돌보도록 할 수 있고, 분만한 소와 송아지를 돌보기 위하여 밤잠을 설치는 일을 줄일 수 있으므로 송아지를 돌보지 못해 송아지가 죽는 일을 줄일 수 있다(표 2 참조).

표 2. 개체 및 산차별 분만시간대

명 호	산		차			분만시간대	
	1	2	3	4	5	22:01-05:59	6:00-22:00
01-11	15:00	16:50	5:00	11:00	19:40	1	4
01-12	1:40	16:50	15:00	16:00	–	1	3
01-13	22:50	0:45	16:00	14:30	7:00	2	3
01-14	10:50	15:40	16:00	20:00	16:00	0	5
01-15	16:50	13:00	16:20	5:00	–	0	4
01-16	2:00	2:00	0:40	2:00	16:00	4	1
01-19	23:00	17:00	2:00	20:30		2	2
01-29	9:30	16:00	13:00	21:50	18:00	0	5
01-30	15:00	21:00	–	–	–	0	2
01-31	15:00	16:40	16:00	21:00	14:45	0	5
01-33	23:40	10:00	14:50	18:30	16:00	1	4
01-34	15:30	5:40	6:50	13:00	18:00	1	4
01-35	22:00	6:00	21:00	7:15	–	0	4
01-36	2:00	23:00	15:00	12:30	–	2	2
01-37	5:30	2:50	5:00	6:00	11:00	3	2
01-38	–	5:30	21:00	6:00	13:40	1	3
03-33	6:00	9:30	–	–	–	0	2
03-37	9:30	20:00	19:00	–	–	0	3
04-35	14:30	–	–	–	–	0	1
04-36	20:40	–	–	–	–	0	1
평균(%)	74	67	75	93	100	23	77

(번우연구소, 2007. 7)

본 연구소에서는 연중 오전 7시 전후하여 조사료로 짚과 티엠알 사료를 급여하고, 4월 중순에서 10월 중순까지는 오전 중에 1주일에 2~3회 초지에 방목을 실시하였으며, 농후사료로 번식우 사료를 오후 5시에 급여하였다. 그리고 분만실에 넣었을 때는 짚은 종일 자유로 먹도록 하였고, 번식우 사료는 오후 5시에 급여하였다.

본연구소에서 집계한 개체 및 산차별 분만시간대는 표 2와 같다. 총 78분만 사례 중 77%가 사람이 소를 관리할 수 있는 시간대인 아침 6시에서 밤 10시 사이에 분만하였고, 나머지 23%

가 밤 10시 이후에서 아침 6시 이전 사이에 분만하였다. 산차별 아침 6시에서 밤 10시 사이에 분만한 비율은 1, 2, 3, 4 및 5산이 각각 74, 67, 75, 93 및 100%로 1산에서 3산까지는 67~75%였으나 4산과 5산으로 갈수록 아침 6시에서 밤 10시 사이에 분만하는 비율이 높아졌다. 개체간에도 차이가 많다. 예로 01-14, 01-29, 01-31과 같은 개체는 5산 모두 아침 6시에서 밤 10시 사이에 분만했으며, 01-11, 01-33, 01-34는 5산 중 4산을 아침 6시에서 밤 10시 사이에 분만하였다. 한편 01-16과 같은 개체는 5산 중 1산만 아침 6시와 밤 10시 사이에 분만했으며, 나머지 4산은 새벽 2시, 2시, 0시 40분 및 2시에 분만하였다.

결론적으로 아침에는 조사료만 급여하고 저녁에는 농후사료만 급여했을 때 77%가 사람이 소를 관리할 수 있는 아침 6시에서 밤 10시 사이에 분만하며 4산 5산으로 갈수록 이 시간대에 분만하는 비율이 높아진다.

로우만 등(1987)은 육우에 분만예정일 14~30일 전부터 조사료와 농후사료를 하루 한 번 밤 10시에 급여했을 때 아침 5시에서 밤 9시 사이에 분만하는 비율이 농가에 따라 차이가 있었지만 76~90%였다고 보고하였다. 가고시마(1994)는 화우에 하루에 한 번 오후 6~9시 사이에 사료를 급여했을 때 아침 6시에서 밤 9시에 분만하는 비율은 84%로 대조구 61.0%보다 높았다고 보고하였다.

사육하고 있는 번식우의 산차별 분만시간대를 기록 정리해두면 어느 개체는 사람이 소를 관리할 수 있는 시간대인 아침 6시에서 밤 10시 사이에 분만한다는 것을 파악할 수 있으며, 4산 5산으로 가면 이 시간대에 분만하는 소의 비율이 높아지므로 이런 결과들을 개체 및 산차별 분만관리에 효율적으로 응용할 수 있다.

19. PGF$_{2\alpha}$(프로스타글란딘 F$_{2\alpha}$)를 이용한 발정동기화법 이란

프로스타글란딘(prostaglandin, PG)은 호르몬이 아니고 20개의 탄소로 구성된 불포화수산화 지방산이다. 사람의 정액에서 처음으로 단리 되었는데 전립선(prostate gland)에서 분비되는 것으로 추정하여 프로스타글란딘(PG)이라고 이름을 붙였다. 이 PG는 신체의 특정 부위에서 분비되는 것이 아니고 거의 모든 조직에서 분비되며 생리작용도 매우 다양하다.

PG에는 PGE$_1$, PGE$_{1\alpha}$, PGE$_2$, PGF$_{2\alpha}$, PGE$_3$, PGF$_{3\alpha}$ 등이 있는데 그 중에서 PGF$_{2\alpha}$는 가축의 번식과 밀접한 관계가 있다. 이 PGF$_{2\alpha}$는 자궁내막에서 분비되며 자궁정맥에서 난소동맥으로 이행하여 황체를 퇴행시키는 기능을 한다. 난소동맥으로 이행한 PGF$_{2\alpha}$는 황체로 가는 혈관을 수축시켜 황체의 혈액공급을 억제하므로 황체세포에는 산소가 결핍되어 황체가 퇴행한다. 한편 PGF$_{2\alpha}$는 황체세포에서 황체호르몬(progesterone)의 합성을 억제한다.

난소에 황체를 가지고 있는 황체기에 있는 소에 PGF$_{2\alpha}$를 주사하면 황체가 퇴행하면서 황체호르몬의 합성이 안 된다. 황체가 퇴행하면 난소에 있던 난포는 뇌하수체에서 분비되는 난포자극호르몬(FSH)의 자극을 받아 성숙하여 발정호르몬(estrogen)을 분비하여 소는 발정이 온다. $PGF_{2\alpha}$는 또한 자궁의 근육을 수축시키는 작용을 가지고 있어 분만촉진제로 사용되며 후산정체시는 후산을 배출시키는 데 사용한다.

임신한 소에 $PGF_{2\alpha}$를 주사하면 임신황체가 퇴행하면서 임신을 유지시키는 황체호르몬의 생산이 중지되므로 소는 유산한다. 그러므로 $PGF_{2\alpha}$는 분만을 유도하는 데도 사용한다. 분만 2~3일전에 $PGF_{2\alpha}$를 주사하면 분만이 유도된다.

$PGF_{2\alpha}$의 황체퇴행작용을 이용하여 발정을 유도할 수 있다. 황체기에 있는 여러 마리의 소에 $PGF_{2\alpha}$를 근육주사하면 같은 시기에 발정을 유도할 수 있는데 이를 발정동기화라고 한다.

$PGF_{2\alpha}$를 이용하여 발정을 동기화 하는 방법에는 두 가지가 있다.

(1) $PGF_{2\alpha}$를 1회 주사하는 방법

황체기(발정주기 5~16일)에 있는 소에 $PGF_{2\alpha}$ 5ml(25mg)을 근육주사하는 방법이다. 즉 난소에 황체가 있는 소에 $PGF_{2\alpha}$를 주사하면 황체가 퇴행하면서 발정이 온다. 따라서 발정예정일 전후에 있는 소에 $PGF_{2\alpha}$를 주사하면 황체가 없으므로 발정이 오지 않는다.

(2) $PGF_{2\alpha}$를 2회 주사하는 방법

황체기에 $PGF_{2\alpha}$ 5ml(25mg)를 근육주사하고 11일 후에 다시 $PGF_{2\alpha}$ 5ml(25mg)를 근육주사하는 방법이다. 첫 번째 $PGF_{2\alpha}$ 주사 후 11일된 소는 1차 $PGF_{2\alpha}$ 주사 후 발정이 온 소나 안 온 소 모두 황체기에 놓이게 되므로 $PGF_{2\alpha}$의 황체퇴행 효과를 확실히 볼 수 있다.

$PGF_{2\alpha}$를 근육주사하면 주사 후 2~5일 사이에 60~80%가 발정이 오며, 인공수정하면 이 중 50~80%가 수태된다.

가장 많이 이용되고 있는 $PGF_{2\alpha}$는 미국 Upjhon사 제품의 Lutalyse(루테라이스)와 영국 ICI사 제품의 Estrumate(에스투루메이트)이다.

20. 한우 번식우의 산차별 공태기간

필자는 2002년 2월 천안시 성남면에 번우가축생명과학연구소를 설립하고 한우 번식우를 사육하기 시작하여 2007년 10월 현재 5산을 하고 있다. 종축개량지 2007년 9월호에 한우 번식우의 후산정체 발생률과 분만시간대에 대하여 그간 나온 성적을 소개한 바 있다. 이번에는 한우 번식우의 산차별 공태기간을 소개한다.

1) 한우 번식우의 산차별 공태기간

1산의 공태기간은 출생 후 첫 수태기간을 말하고, 2산 이후는 분만 후 다시 수태한 기간을 말한다. 1년에 한 배의 송아지를 생산하려면 적어도 공태기간이 80일(365일-임신기간 285일=80일) 이내여야 한다. 공태기간을 짧게 하려면 분만 후 발정이 빨리 와야 하며, 분만 후 첫 발정이 왔을 때 인공수정 하여 수태가 되어야 한다. 분만 후 발정이 늦게 오거나 분만 후 발정이 와서 인공수정 하는데도 불구하고 수태가 되지 않고 재발이 반복되면, 즉 1수태당 수정횟수가 많아지면 공태기간이 길어진다.

본 연구소는 번식우만 사육하였으며 공태기간을 줄이려고 다각도로 많은 노력을 경주하였다. 조사료로는 볏짚과 하이그린(건초)을 하이그린의 공급이 중단된 후는 볏짚과 티엠알을 오전 7시 전후에 급여하고 농후사료는 번식우사료를 오후 5시 전후에 급여하였다. 1일 두당 급여

표 1. 개체 및 산차별 후산정체 발생률

명 호	산			차			공태기간	
	1	2	3	4	5	평 균	짧은 소	긴 소
01-11	477	56	73	32	39	50	0	
01-12	470	110	139	49	-	99		0
01-13	437	55	83	56	78	68	0	
01-14	399	30	113	30	59	58	0	
01-15	423	53	30	117	191	98		0
01-16	393	30	33	85	61	52	0	
01-19	712	58	53	103	-	71		0
01-29	419	52	71	37	78	60	0	
01-30	650	95	-	-	-	95		0
01-31	444	36	45	68	91	61	0	
01-33	422	33	48	127	64	68	0	
01-34	569	31	71	54	70	57	0	
01-35	424	28	58	49	248	96		0
01-36	405	58	111	57	-	75		0
01-37	378	31	69	74	33	52	0	
01-38	518	49	53	46	41	47	0	
03-33	479	62	106	-	-	84		0
03-37	468	58	75	-	-	67	0	
04-35	531	-	-	-	-	-	-	-
04-36	692	-	-	-	-	-	-	-
05-13	511	-	-	-	-	-	-	-
평 균	16.2월	51	72	66	85	68	11(61%)	7(39%)

* 짧은 소 : 68일 이하, * 긴 소 : 68일 이상 (번우연구소, 2007. 10)

량은 번식우사료 2.5~3.0kg, 볏짚 2.5kg 전후, 하이그린 1.25kg 전후와 볏짚 1.5kg 전후, 티엠알 2.5kg 전후였다. 4월 중순부터 10월 중순까지는 비가 오지 않는 날 하루에 1~2시간 초지에 방목을 하였으며 방목하는 날은 티엠알을 급여하지 않았다.

한우 번식우의 산차별 공태기간은 표 1과 같다. 산차의 평균 공태기간은 2산 이후의 평균이다.

예로 01-11의 산차의 평균 공태기간은 50일(56 + 73 + 32 + 39) ÷ 4 = 50)이다. 표 1에서 보는바와 같이 21두의 1산의 평균 공태기간은 16.2개월이다. 즉 본 연구소에서 사육한 번식우 21두는 생후 평균 16.2개월에 수태되었다. 일반적으로 한우 암소는 생후 8개월 전후 발정이 오기 시작하며 교배적기는 14~15개월로 되어 있다. 따라서 생후 16.2개월에 수태되었다는 것은 약간 늦다고 볼 수 있다. 개체별로 보면 01-37은 매우 빨라 생후 12.6개월에 수태가 되었으며, 01-19는 매우 늦게 생후 23.7개월에 수태가 되었다. 01-19가 늦게 수태가 되었던 것은 정액이 불량했든 것으로 확인 되었다. 그러나 01-19의 평균 공태기간은 71일로 분만 후 80일 이내에 수태가 되어 1년에 한 번씩 송아지를 생산한 셈이다. 생후 첫 수태기간을 단축하려면 생후 14개월까지 송아지와 육성우의 사양관리를 잘하여 성 성숙이 잘 되도록 하고, 생후 14개월 전후에 발정이 오도록 하여 수태시키는 것이다.

산차별 평균 공태기간은 표 1에서 보는바와 같이 2, 3, 4 및 5산이 각각 51, 72, 66 및 85일로 산차가 늘어날수록 길어지는 경향이 있다. 1산 후 두 번째 수태까지의 공태기간이 51일로 가장 짧았으며, 4산 후 다섯 번째 수태까지의 공태기간이 85일로 길었다. 62 표본의 총평균 공태기간은 68일로 분만 후 평균 68일에 수태가 되었으며 비교적 좋은 성적이라고 할 수 있다. 즉 평균하여 1년에 1마리의 송아지를 생산했다고 할 수 있다.

01-11, 01-13, 01-14, 01-16, 01-29, 01-31, 01-33, 01-34, 01-37, 01-38. 03-37 계 11두(61%)는 평균 공태기간이 총평균 공태기간 68일 보다 짧았으며, 01-12, 01-15, 01-19, 01-30, 01-35, 01-36, 03-33 계 7두(39%)는 평균 공태기간이 총평균 공태기간 68일보다 길었다. 5산을 하는 동안 평균 공태기간이 아주 짧은 소는 01-11(50일), 01-16(52일), 01-37(52일)의 3두이다. 같은 환경과 사양조건하에 사육하는데도 공태기간은 암소의 개체간에 차이가 많은 것을 볼 수 있다. 01-30과 같은 소는 1산에서 두 번째 수태할 때 공태기간이 95일로 길어 2산 후 도태하였다. 01-12, 01-15 및 01-35와 같은 소는 평균 공태기간이 99, 98 및 96일로 공태기간이 긴 소로 공태기간을 단축시켜야 하는 대상이 되고 있다.

결론적으로 전체 번식우의 공태기간을 줄이는 것은 공태기간과 관련있는 여러 요인들을 잘 조절하는 종합기술에 달려 있으며 그리 쉬운 일이 아니다. 번식우 한 마리 한 마리를 잘 관리하고 발정과 인공수정에 대하여 세심하고 주의 깊은 관찰과 관심이 집중되어야 한다. 또한 번식우 개체별 산차별 공태기간의 표를 작성하여 기록해가면서 공태기간이 길어지는 개체에 대하여는 공태기간을 단축시키는 노력을 기우리거나 과감히 도태, 즉 비육하여 처분해야 할 것이다. 그리고 산차별 공태기간이 짧은 소는 다산우로 확보하여 계속 송아지를 생산하는 것이 바람직하다.

21. GnRH–PGF$_{2\alpha}$–GnRH에 의한 발정 유기법

소의 발정을 유기하기 위한 방법으로 루테라이스(PGF$_{2\alpha}$) 5ml(25mg)를 근육에 주사하고 2~3일내 발정이 오지 않으면 11일 후에 다시 루테라이스를 5ml을 근육에 주사하여 2~3일내 발정을 유기하는 방법이 널리 보급되고 있다.

이 방법은 1차 주사 후 발정이 오지 않으면 11일 후 다시 2차 주사하므로 11일간 공태기간이 연장되며 1차 또는 2차 주사하여 발정이 오더라도 주사 후 2~5일 사이에 발정이 오므로 주사 후 2~5일간 처리우의 발정을 주의 깊게 관찰해야 한다. 그리고 1 · 2차 주사 후의 발정 발현율은 70~80%내외로 100%의 발정률을 기대할 수 없으며 발정이 와서 수정한다 하더라도 수태율이 50%전후로 발정 발현율과 수태율이 낮다는 단점이 있다.

이런 단점을 해결하기 위하여 1995년 이후 젖소와 육우를 공시한 많은 실험을 거쳐 새롭게 개발한 발정 유기법이 GnRH–PGF$_{2\alpha}$–GnRH법이다.

이 방법은 발정주기의 시기에 관계없이 1차로 GnRH를 투여할 수 있다는 것과 2차 GnRH 투여 후 발정유무와 관계없이 GnRH 2차 투여 후 16~20시간에 인공수정 하여 80% 전후의 수태율을 얻을 수 있고, 1차 GnRH 투여 후 10일 이내에 인공수정을 할 수 있어 루테라이스 단독 근육주사 방법보다는 적어도 3~6일 빨리 수태시킬 수 있는 장점이 있다.

그러나 이 방법은 주사를 3번 놓아야 하며 GnRH를 2번 주사하므로 약값이 더 든다는 것과 일정한 시간에 주사를 놓아야 하는 단점이 있다.

처리방법과 실험성적을 기술한다.

(1) 처리방법

① 휘타길(GnRH) 1ml 주사

② 휘타길 주사 후 7일째 루테라이스(PGF$_{2\alpha}$) 5ml(25mg) 근육주사

③ 루테라이스 주사 후 48시간(2일)에 휘타길 1ml 주사

④ 휘타길 주사 후 16~20시간에 발정유무에 관계없이 인공수정

이 방법을 일시로 구체적으로 나타내면

첫 휘타길 처리시 반응이 좋은 시기는 발정주기 3~17일 사이이며 반응이 좋지않은 시기는 발정주기 18~2일 사이이다. 첫 휘타길 처리는 난포가 있는 시기에는 난포를 자라게 하며 황체가 있는 시기에는 황체를 자라게 한다. 2번째 휘타길 처리 전 발정이 온 경우에도 휘타길은 배

일 시	처 리
10월 1일	휘타길 1ml 주사
10월 8일 오후 3시	루테라이스 5ml 주사
10월 10일 오후 3시	휘타길 1ml 주사
10월 11일 오전 7～11시	인공수정

란을 촉진하므로 주사해주는 것이 좋다.

(2) 실험성적

우리 나라의 국립축산과학원 한우시험장에서 실험한 성적이다. 평창군과 한우시험장에서 사육한 한우 암소 중에서 분만 후 60일 이내에 발정이 오지 않은 소 150두를 공시하여 3가지 방법으로 발정을 유도하였다.

표 1. 발정유기 3방법의 수태율

방 법	처리두수	임신두수	수태율(%)
$PGF_{2\alpha}$	50	25	50.0
CIDR + $PGF_{2\alpha}$	50	18	36.0
GnRH + $PGF_{2\alpha}$ + GnRH	50	40	76.9

(박정준, 2003)

표 2. 발정유기 4방법의 수태율

방 법	처리두수	임신두수	수태율(%)
$PGF_{2\alpha}$	116	64	55.1
PRID	37	20	54.0
CIDR	29	17	58.6
GnRH+$PGF_{2\alpha}$+GnRH	102	60	58.8

(이명식, 2003)

22. 한우 처녀 소는 생후 몇 개월에 첫 발정이 오는지

처녀 소가 첫 발정이 오는 월령은 유전과 환경에 따라 영향을 받는다. 일반적으로 아버지의 냉도체의 유전능력(육종가)이 높은 처녀 소는 육성기(생후 6～16개월)에 성장(일당 증체)이 빠르며 첫 발정이 빨리 오는 경향이 있다(표 1 참조).

표 1에서 보는바와 같이 03-33호와 03-37호는 동년 10월에 출생하여 같은 조건에서 사육하였는데 03-33호는 발육이 빨랐으며 생후 8개월에 첫 발정이 왔는데, 03-37호는 발육이 늦었으며 생후 12개월에 첫 발정이 왔다.

표 1. 부의 냉동체의 육종가가 첫 발정 월령에 미치는 영향

명 호	생년월일	부의 냉동체의 육종가	첫 발정일	첫 발정 월령
03-33	04.10.4.	9.907	04.6.18.	8
03-37	04.10.8.	-0.813	04.10.8.	12

국립축산과학원 한우시험장의 발표에 의하면 한우 처녀 소는 생후 263일(8~10개월)에 첫 발정이 시작되며 이때의 평균체중은 182kg 내외로 되어 있다. 첫 발정이 빨리 오더라도 첫 교배시기는 생후 14개월 이후 체중 260kg 이상일 때가 적당하다.

23. 프로스타글란딘($PGF_{2\alpha}$)에 의한 소의 분만유기

분만은 생리현상으로 일정의 임신기간이 지난 후 만출에 의하여 태아 및 그 부속물이 배출하는 것을 말한다.

1) PG의 생리작용

PG는 생체 내에 넓게 분포하고 있으며 합성부위는 정낭, 신장, 폐, 장 및 난자 등이다. $PGF_{2\alpha}$는 일반적으로 자궁근에 대하여 수축작용이 있다. PG는 사람, 면양 또는 실험동물의 자궁 내에서 분만에 앞서 증가하며 자궁경관과 산도를 이완시키는 작용이 있으며, 분만시 진통의 경과에 따라 증가하는 것으로 보아 분만 기작에 관여하는 것으로 생각된다.

2) PG의 임신중절작용

유산과 분만은 임신을 중단하여 자궁내용물을 배출하는 점에서 공통점이 있다. 임신초기와 중기의 소에 $PGF_{2\alpha}$ 20mg을 주사하면 주사부위가 피하, 자궁경관간질 또는 근육에 관계없이 임신황체가 퇴행하여 주사 후 9~11일에 유산한다.

3) PG에 의한 분만유기

임신말기의 홀스타인 암소에 $PGF_{2\alpha}$를 주사하여 분만유기 실험을 하였다. 분만예정일 25일 전(-25일)에 $PGF_{2\alpha}$ 20mg을 피하주사한 것에서는 효과가 없었다. -20과 -10일에 같은 양을 피하주사하였더니 6두는 처리한 날에서 2일 후에 분만하였고 처리 후 8일에 분만한 것도 있었다. 하지만 -15, -10일에 6mg을 정맥주사한 것은 4두 전부가 처리 후 2일에 분만하였다. -5, -2, -1, 0, +1일에 6mg을 정맥주사한 것은 10두 중 9두가 1일 후에 분만하여 처리시기가 분

만예정일에 가까울수록 분만까지의 소요일수가 단축되었다.

4) PG의 진통촉진 효과

제1기 진통정지 우 1두, 제2기 진통정지 우 1두와 제2기 진통미약 우 1두에 각각 $PGF_{2\alpha}$ 6mg을 정맥 내에 주사하였더니 3두 모두 약 10분 후부터 20~40분간 진통이 강해졌다. 즉 제1기 진통정지 우는 오전 10시에 액포가 산도에 진입한 것을 확인했는데 그 후 진통이 정지되었기 때문에 오후 3시에 PG를 주사하였더니 자연 파수가 되어 잡아당겨 송아지가 출산하였다. 제2기 진통정지 우는 오전 10시에 제2파수가 끝났는데 그 후 진통이 정지되었다. 다음날 오전 10시에 태아가 생존하고 있어 PG를 주사하였더니 진통이 다시 일어나 태아가 산도 내에 진입했으며 잡아당기는 것이 가능해 조산에 의하여 송아지가 출산하였다. 제2기 진통미약 우는 아침 일찍 제2파수가 끝난 것을 발견하였는데 진통미약으로 태아가 하강하지 못했다. 같은 날 오후 3시에 PG를 주사했더니 자력으로 송아지가 만출하였다.

따라서 PG는 소에서 진통촉진작용이 있으므로 임신초기의 임신중절, 계획분만, 조기파수, 예정일초과, 무효진통, 진통미약, 자궁경관 확장지연, 진통정지, 모체 체력소모시 등에 사용하면 효과를 얻을 수 있을 것이다.

24. 수정에서 착상까지 수정란은 어떤 경과를 밟는가

인공수정을 했다고 반드시 송아지가 생산되는 것은 아니다. 인공수정에 의하여 난자와 정자가 결합한 수정란이 발육도중에 죽어버리는 경우가 있다.

난소에서 발육한 난자는 배란하여 난소를 둘러싸고 있는 난관채(나팔관) 안으로 수용되어 난관팽대부로 내려오게 된다. 한편 수정적기에 주입된 정자는 자궁을 통과하는 동안 수정능력을 얻어 난관협부를 통과하여 난관팽대부에서 난자가 내려오는 것을 기다렸다가 난자와 결합한다. 이 수정란은 난관을 내려오면서 2세포란, 4세포란, 8세포란, 16세포란으로 분열하며 수정 후 4~5일에 자궁 내로 들어온다.

이 수정란은 자궁에서 계속 분열하여 13일이 지나면 배아가 되며 46일이 되면 태아라고 할 수 있을 만큼 발육하며 83일이 되면 작지만 몸의 기관이 형성되어 왕성하게 발육한다.

자궁은 수정란이 자궁에서 분열하여 착상할 수 있도록 준비를 진행한다. 먼저 발정 중 정자를 통과시키기 위하여 활발했던 자궁의 연동운동은 약해지면서 진정된다. 자궁내막에는 혈관이 발달하고 혈액이 많이 흐르며 혈액 내 당류, 지방, 단백질 등이 증가한다. 자궁의 상피세포는 증식하여 자궁선이 발달하고 영양분의 분비가 증가한다.

착상은 태아태반과 자궁내막에 돌출하고 있는 궁부가 결합한 태반을 통하여 모체로부터 영양분이 태아로 이행하므로 이루어진다.

착상초기에 있는 수정란은 착상하기 전까지 불안정한 상태에 놓인다. 주는 사료가 나빠 자궁에서 분비되는 영양분에 유독 물질이 포함되면 수정란은 죽는다. 사료의 영양분이 부족하면 자궁의 환경이 나빠져 수정란은 죽는다. 여름 기온이 올라 체온이 상승하면 난관이나 자궁의 온도가 상승하여 수정란이 죽는다. 수정하여 착상하기 전까지의 기간에 어미소의 건강이 나쁘면 수정란은 죽는다. 배란된 난자가 성숙이 잘된 건강한 난자이면 수정 후 난분할이 잘 이루어져 착상에 이르나 배란된 난자가 성숙이 잘 안된 건강하지 못한 난자일 경우는 수정이 되었더라도 난분할이 순조롭지 못하여 착상 이전에 죽는다.

인공수정 후 재발이 오는 이유 중 상당수가 배아 사망에 원인이 있다. 배아 사망을 예방하기 위하여 수정 후 배아가 착상하기 전까지 어미소에 적절한 사료를 급여하고 각종 스트레스를 주지 안도록 관리에 주의를 기우려야 한다.

25. 한우 처녀우의 교배적령기

처녀우가 성 성숙에 도달하면 적당한 시기에 교배를 시켜야 한다. 만약 처녀우가 교배적령기에 도달하기 이전에 교배를 시키면 아래와 같은 불리한 점이 있다.

① 처녀우는 성장발육이 충실치 못하여 분만 후 초유와 비유량이 적어 송아지의 육성률 이 떨어지고 폐사율이 높아진다.
② 송아지 분만시의 어미소의 체구가 적어 난산을 일으킬 염려가 있다.
③ 송아지의 생시체중이 대체로 작고 허약하여 송아지의 성장발육이 부진하다.
④ 수태율이 떨어져 수태에 요하는 수정횟수가 2~3회로 늘어난다.
⑤ 자궁의 발달이 불충분하여 수태가 되더라도 임신초기에 배가 사망하기도하며 유산이나 사산이 되기 쉽다.
⑥ 분만 후의 어미소의 산후 회복이 늦어져 발정재귀가 늦어지고 공태기간이 길어지며 그만큼 분만간격도 길어진다.

소의 발육은 소의 영양상태, 사육방식 그리고 개체에 따라 차이가 많이 나므로 교배적령은 일률적으로 말하기 어렵다. 한우 처녀우는 표준사양에서 약 57%가 10~13개월령에서 초발정이 오나 저영양 사양에서는 14%만이 초발정이 오므로 영양상태에 따라 교배적령도 달라진다.

따라서 교배적령은 성 성숙이 어느 정도 완료되고 표준 체중에 가까워진 때가 되어야 한다. 경우에 따라서는 체고도 고려해야 할 것이다. 체중이 표준체중보다 무거운 상태에서 발정이 왔더라도 월령이 적을 때는 교배를 시키지 않는 것이 바람직하다.

한우 처녀우의 교배적령은 1970년대는 18개월령 내외, 1980년대는 16개월령 내외, 1990년대는 15개월령 내외였으나 2000년대는 14개령월 내외로 10년 단위로 빨라지는 경향이 있다.

결론적으로 한우 처녀우의 14개월령 표준체중을 250kg로 볼 때 한우 처녀우의 교배적령은 14개월 내외에서 체중 250kg 이상으로 보아야 할 것이다.

26. 임신우는 어떤 경과를 거쳐 송아지를 분만하는가

1) 분만 징후

임신말기가 되면 오른쪽 배가 옆으로 몹시 부르다가 분만예정일이 가까워지면 분만한 것처럼 배가 밑으로 처진다. 이런 증상이 보이면 3일 이내에 분만하는 것으로 본다. 분만 10~15일 전쯤 되면 미근부의 양쪽이 손가락이 2~3개 들어갈 정도로 밑으로 꺼진다. 외음부가 현저히 부어오르고 자궁경구를 막았던 점액이 녹으면서 점액이 흐른다. 처음 나오는 점액은 굳은 상태로 점성이 강하고 불투명하나 분만이 가까워지면 연하고 투명해진다. 분만 전 1주일 정도가 되면 유방이 갑자기 팽대해 지고 딱딱해진다. 분만 전일에 유두를 짜보면 황백색의 진한 초유가 나오며 분만일이 상당히 가까이 왔음을 알 수 있다.

2) 진통의 시작

분만은 먼저 진통으로 시작된다. 이것은 자궁의 근육이 수축하면서 수축파가 자궁경관을 향하여 태아를 밀어내기 때문이다. 진통이 일어나면 소는 불안한 동작을 보이며 우사를 서성거리고 누었다 일어났다 하며 배를 처다 보기도 하고 뒷발로 배를 차기도 한다. 또 꼬리를 들어 빈번히 오줌을 누려하고 가끔 소량씩 오줌을 눈다. 진통은 주기적으로 반복되며 빈번해지면서 태포의 일부가 외음부로 노출되어 파열된다.

3) 개구기

잦은 진통에 따라 태아가 자궁경구 쪽으로 밀리면 자궁경관이 열리기 시작한다. 태포는 자궁경관 내로 진입하여 진통과 함께 팽창하여 크게된다. 이어 자궁경관은 질과 구별할 수 없게 확장되면서 태포는 질 내로 진입한다. 요막의 태포는 음문 밖으로 사람 머리 크기 정도로 노출되고 드디어 터지면서 불그스레한 요수가 흐른다. 이것을 제일파수라고 한다.

다시 진통이 진행되면서 양막의 태포가 음문 밖으로 누출되며 그속에 태아의 노란 발톱과 다리가 희미하게 보인다. 이 태포를 족포라고도 한다. 족포가 터지면 매우 미끄러운 양수가 흐르며 산도를 미끄럽게 하여 태아가 나오는 것을 돕는다.

4) 만출기

만출기가 되면 태아의 머리는 질 내로 진입하며 진통은 강해지고 주기도 짧아지고 발작은 길게 지속되며, 반사적으로 복압을 동반하여 태아의 만출에 작용한다. 대부분의 어미소는 옆으로 눕고 태아는 산도 내를 일진일퇴 반복하면서 양다리 위에 머리를 올려놓은 자세에서 외음부로 주둥이를 드러내며 격렬한 진통 끝에 만출한다.

5) 후산기

태아가 나오면 제대는 끊어지고 태반과 자궁간의 혈액 교환은 중단된다. 그 결과 태반은 축소되고 자궁도 진통에 의하여 급속히 축소되면서 태반은 자궁에서 이탈하고 약한 진통에 의하여 음문으로 배출된다. 이것을 후산 이라고 한다. 후산은 보통 분만 후 2~3시간에 배출되나 늦을 때는 10시간 이상 걸린다. 10시간 이상 경과해도 후산이 안 되는 경우는 후산정체이며 그냥 두면 자궁 내막염을 유발하여 자궁 내가 부패하여 장애가 일어나므로 분만 후 3일 전후하여 수의사를 불러 태반을 꺼내고 치료를 해야 한다.

27. 한우 번식우의 분만 전후의 관리

번식우에 있어서 분만은 새로운 생명체인 송아지를 얻는다는 의미에서 매우 중요한 의미를 갖는다. 임신기간 285일의 마지막 결산이 분만이다. 분만 전후의 어미와 송아지의 관리를 철저히 하므로 온전한 송아지를 얻을 수 있고 분만한 어미소의 건강을 보장할 수 있으며 송아지의 폐사를 줄일 수 있다. 분만전후의 허술한 관리는 어미소의 건강을 해치거나 송아지의 폐사를 가져와 농가에 막대한 손해를 준다. 따라서 분만전후의 어미와 송아지의 세심한 관리는 매우 중요하다.

1) 분만의 준비

번식우의 사육규모에 따라 월, 분기별 또는 연도별로 분만순서 표를 작성하여 어느 소가 언제 분만할 것인지를 가족과 관리자 전원이 알아둘 필요가 있다. 분만예정일 2~3주 전부터 어미소를 관찰하여 분만증후를 보이는 어미소부터 분만실로 옮긴다. 분만실은 미리 깨끗이 청소를 하고 소독을 한 다음 바닥을 잘 말리고 짚을 충분히 깔아 놓는다. 겨울에는 분만실에 찬바람이 들어오지 않도록 앞만 남겨두고 둘레에 천막을 쳐주고, 분만실에 송아지 방을 넣어 두고 언제나 열 전등을 켤 수 있도록 준비해 놓는다.

2) 분만시기의 판정

분만예정일이 가까워 오면 눈에띄게 팽대한 배는 밑으로 쳐지며, 분만 10~15일전부터 미근 양쪽이 손가락 2~3개 들어갈 정도로 꺼지고 외음부가 현저히 부었다가 약간 가라앉는 듯하고 외음부로부터 점도가 높은 점액이 나오는 경우도 있다. 유방은 분만 전 1주일부터 갑자기 붓고 순차적으로 커지면서 딱딱해진다. 분만 전일에는 최고로 붓고 젖을 짜보면 황백색의 진한 우유가 나오므로 분만이 가까이 왔음을 알 수 있다.

3) 분만시의 조치

한우는 분만시 송아지의 다리를 잡아 당겨주지 않아도 대부분 자연분만이 가능하다. 그리고 송아지가 만출하면 탯줄이 자연적으로 끊겨 나오며 어미가 탯줄을 적절한 길이로 자른 후 배꼽에 붙은 탯줄을 핥아줌으로 탯줄 내에 있던 피가 제거되고 소독이 되어 사람이 가위로 절단하여 소독해줄 필요가 없다. 어미소는 송아지가 분만되면 바로 송아지를 핥아 몸을 말린다. 핥지 않는 경우는 바로 송아지를 마른 천으로 닦아 말려준다. 송아지가 마르면 로코백신 2병을 주사기에 옮겨 경구투여하면 설사를 예방하는 데 도움이 된다. 특히 겨울철에 분만할 때는 어미가 송아지를 핥아준 직후 또는 마를 천으로 닦은 후 바로 송아지 방에 넣어 열전등에 노출하여 따뜻하게 해주어 저온 스트레스를 받지 않도록 해주는 것이 바람직하다.

4) 분만 후 조치

분만 후 어미소는 목이 타 있으므로 물을 충분히 마실 수 있도록 해주어야 한다. 분만사에 수조가 있으면 스스로 물을 먹도록 하며 수조가 없으면 물통으로 물을 먹도록 해주어야 한다. 이것은 태아를 만출하여 텅 비어있는 복부를 채워 복압을 회복시켜 기운을 내게 하기위해 꼭 필요하다. 송아지는 태어나서 30분정도 지나면 자기 힘으로 일어나 유방으로 가서 젖꼭지를 찾아 젖을 빨지만 초산우의 30~40% 또는 젖이 너무 부러 유방이 아픈 어미소는 젖먹이는 것을 싫어하며, 송아지가 다가오면 송아지를 차든가 머리로 받는 놈이 있으므로 이런 경우에는 어미를 붙잡아 매어 차지 못하도록 다리를 묶어 놓고 송아지가 젖을 빨도록 도와줄 필요가 있다.

모성애가 많은 어미는 송아지가 일어나지 않으면 머리로 송아지가 일어나도록 자극하며, 송아지가 일어나려고하면 넘어지지 않도록 받혀주고, 송아지가 일어나 서성대면 몸을 움직여 송아지가 유방에 접근하도록 유도한다. 송아지에 따라 분만 후 일어나는 데 걸리는 시간에 차이가 있다. 일어나는 데 시간이 걸리는 송아지는 인내를 가지고 주의 깊게 관찰할 필요가 있다. 송아지가 원기가 부족하다고 생각되면 셀레비트(비타민 E) 10ml와 비칸톨 E 3ml을 근육주사하면 원기를 회복하여 일어나는 데 도움을 줄 수 있다. 분만 후 1주일간 나오는 우유를 초유라 하며 이 초유를 먹여야만 송아지는 병에 대한 저항성을 갖게 된다.

태아태반은 송아지가 분만 후 3～8시간 후에 배출되는 것이 보통인데 12시간이 지났는데도 불구하고 배출되지 않을 경우에는 후산이 정체되었다고 보아야 한다. 탯줄이 외음부에 그대로 매달려 있는 것을 볼 수 있다. 따라서 분만 후에는 후산이 배출되는 것을 확인해야 하며 배출되면 어미가 먹지 않도록 바로 치워 매몰토록 한다. 후산이 않나오면 분만 후 1～2일 내에 수의사를 불러 조치를 받아야 한다.

28. 한우의 임신기간, 임신기간에 영향을 미치는 요인, 분만의 유도 및 분만예정일의 산출방법

임신기간은 인공수정한 날부터 분만까지의 기간을 말한다. 한우의 임신기간은 평균 285일로 젖소 홀스타인의 평균 279일보다 길다. 임신기간은 소의 품종, 연령, 분만계절, 모체의 상태, 태아의 성과 수 등 여러 가지 요인에 따라 달라진다. 쌍태의 경우 임신기간이 짧아진다. 수송아지는 암송아지보다 임신기간이 1～2일 정도 길다. 따라서 분만예정일보다 분만이 1～2일 늦어지면 수송아지일 경우가 많다. 태아의 크기가 클수록 임신기간은 다소 짧아진다. 어미의 연령이 많을수록 임신기간이 길어지고 산차가 더할수록 임신기간이 길어지는 경향이 있다. 겨울에 분만하는 것이 가을에 분만하는 것보다 임신기간이 길어지는 경향이 있다.

분만예정일보다 9～10일 분만이 늦어지는 경우는 $PGF_{2\alpha}$ 25mg을 근육주사하여 분만을 유도하는 것이 바람직하다. 또한 특별한 사정으로 분만예정일보다 분만을 2～3일 앞당길 필요가 있을 경우는 앞당기려 하는 날 1～2일 전에 $PGF_{2\alpha}$ 25mg을 근육주사하면 분만을 앞당길 수 있다. $PGF_{2\alpha}$를 주사하면 임신을 유지시키는 역할을 하는 황체가 퇴행하여 분만이 유도된다.

분만할 때 임신우를 잘 돌보기 위하여 분만예정일을 산출해 놓을 필요가 있다. 분만예정일은 인공수정한 달에서 3을 빼고 인공수정한 날자에 10을 더하여 산출한다. 예로 4월 1일 인공수정를 하였다면 4−3=1, 1+10=11로 분만예정일은 다음해 1월 11일이 된다. 1, 2, 3월처럼 3을 뺄 수 없는 달은 12를 더한 수에서 3을 빼고, 21일 이후처럼 10을 더하여 30일이 넘는 경우에는 10을 더해준 수에 30을 뺀다. 예로 1월 21일 수정하였다면 (1+12)−3=10, (21+10)−30=1로 되나 분만예정일은 월을 넘겼으므로 11월 1일이 된다.

29. 분만지연(장기재태)과 대처방안

임신기간이 정상의 범위를 훨씬지나 분만이 늦어지는 경우를 분만지연(retarded birth)이라고 한다. 태아측에서 이것을 장기재태(prolonged gestation)라고 한다. 한우의 임신기간은 평균 285±9일 이며 대부분의 소는 늦어도 295일이면 분만하는데 재태일수가 300일이 넘어도 분만하지 않으면 분만지연 또는 장기재태로 보아야 한다.

장기재태의 원인은 모체측에 있는 경우와 태아측에 있는 경우가 있다. 모체의 원인으로 임신을 유지하는 호르몬인 프로게스테론(progesterone)의 혈중농도가 높은 경우, 분만유도에 관여하는 호르몬인 에스트로겐(estrogen)의 부족, 자궁근육의 수축에 관여하는 호르몬인 옥시토신(oxytocin)에 대한 자궁근육의 감수성이 낮은 경우, 옥시토신 부족, 황체퇴행인자인 프로스타글란딘(prostaglandin)의 부족 등 호르몬에 관한 요인과 이들 원인을 초래하는 유전적 요인을 생각할 수 있다. 태아측 원인으로 뇌하수체전엽-부신피질계의 기능 이상과 유전적 요인을 들 수 있다. 장기재태를 그대로 방치하면 송아지는 대부분 임신말기에 죽든가 태어나도 바로 죽는다.

본 연구소에서 한 마리의 임신한 암소가 분만예정일이 12일이 지났는데도 불구하고 분만하지 않으므로 분만예정일이 13일이 지난 그날에 프로스타글란딘($PGF_{2\alpha}$) 5ml을 근육주사하였더니 2일 후 분만예정일 15일이 지난 그날에, 즉 임신 300일만에 약간 크기는 하였으나 건강한 수송아지를 무사히 분만하였다. 송아지의 앞 두 다리가 외음부 밖으로 나왔을 때 진통과 함께 잡아 당겨 분만하였다.

본 연구소 03-33호가 2005년 7월 23일 분만예정일 9일이 지났는데도 분만하지 않아 10일(7월 24일)에 프로스타글란딘 5ml을 주사하였더니 2일 후인 7월 26일에 암송아지를 순산하였다.

분만이 지연되는 경우 예정일보다 9일이 늦어지면 10일에 프로스타글란딘 5ml을 주사하여 분만을 유도하면 장기재태로 태아가 사망하는 것을 예방할 수 있다.

30. 임신진단의 필요성과 방법

인공수정 후 가급적 빠른 기간 내에 임신여부를 정확하게 진단할 수 있어야 한다. 임신진단은 불임으로 인한 경제적 손실을 최소화하고 우군의 계획적인 번식관리를 위하여 필요하다. 임신진단은 유산의 예방, 분만예정일의 결정, 수태곤란의 원인과 불임의 원인을 발견하고 치료하는 데 도움이 된다.

1) 임신진단 방법

임신진단 방법에는 여러 가지가 있으나 실용적인 방법으로 발정정지의 확인법과 직장검사법이 가장 많이 활용된다.

(1) 발정정지의 확인법

임신하면 배란 후 난소 내에 형성된 임신황체가 지속적으로 존재하여 난포의 발육이 억제되므로 발정주기를 볼 수 없게 된다. 인공수정 후 다음 발정예정일에 발정징후가 안보이고 그 후 발정주기를 2~3회(인공수정 후 60~90일) 넘겨도 발정징후가 없을 경우에는 임신이 되었다고 보아도 좋을 것이다. 임신이 되면 외음부는 수축되어 적어지고 주름이 잡혀있다.

그러나 때로는 드물게 임신하고도 발정징후를 보이는 개체가 있는가 하면 임신이 안 되었는데도 발정이 오지 않는 개체가 있다.

(2) 직장검사법

직장검사법은 임신을 진단하는 가장 신뢰성이 있는 방법이다. 임신경과에 따른 자궁과 중자궁동맥의 특징적인 변화의 검진과 태아와 태막의 촉진에 의하여 임신을 진단한다. 불임소견으로는 직장검사에서 변화가 없는 자궁을 들 수 있다.

검사하고자 하는 암소의 항문 부위를 물로 깨끗하게 한다. 시술자는 손과 팔을 비누로 윤활하게 한 후 손을 직장 내 천천히 삽입한다. 이 때 직장벽의 수축으로 긴장현상이 나타나면 수축

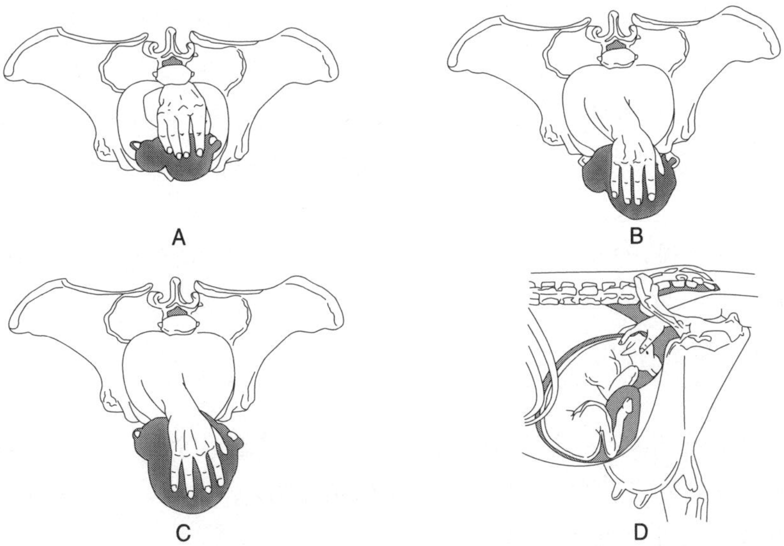

그림 1. 직장을 통한 자궁과 태아의 촉진

A : 임신 70일, B : 임신 90일, C : 임신 110일, D : 분만에 가까운 태아

현상이 멈출 때까지 잠시 기다린다. 수축하고 있는데 손을 밀어 넣으면 직장의 점막이 손상되어 출혈이 일어 날 수 있다. 수축현상이 없을 때 직장 내 분을 배출시키고 직장검사를 한다.

직장검사는 그림 1과 같이 오른 손으로 자궁체를 촉진하고 다음으로 평행하는 양자궁의 사이에 가운데 손가락을 놓고 엄지와 검지로 왼쪽 자궁각의 외측을 약지와 새끼 손가락으로 오른쪽 자궁각의 외측을 촉진한다. 손을 앞으로 밀어 넣고 좌우 양자궁각의 두께, 형상 및 대칭의 차이가 있는지를 검사한다.

2) 임신경과에 따른 일반 소견

(1) 난 소

임신황체는 전 임신기간에 최대의 크기를 유지하기 때문에 충분히 발달한 발정황체와 구별된다. 임신 150일까지는 난소를 촉진할 수 있으나 그 이후에는 자궁이 복강 내로 처지기 때문에 촉진이 불가능해진다.

(2) 자 궁

자궁은 임신이 진행됨에 따라 커지기 때문에 자궁의 크기로 임신을 진단할 수 있다. 임신 60일의 경우 엄지와 검지로 자궁벽을 부드럽게 집어 가볍게 들어 올리면 태막이 미끄러지는 것을 느낄 수 있다.

임신 90일이 되면 자궁이 팽창된 것을 확실히 알 수 있다. 자궁체와 자궁각의 연결부위가 팽창되어 있고 임신 자궁각의 폭이 비임신 자궁각의 폭보다 배나 커 확실한 차이가 있다. 대부분의 경우 생식기는 아직도 골반연에 놓여 있기 때문에 팽창된 자궁각의 만곡부를 손으로 만질 수 있으나 다산한 소에 있어서는 자궁이 복강으로 떨어져서 만질 수 없게 된다. 때로는 태아의 촉진이 가능한 때도 있다. 손가락으로 팽창한 자궁각에 파동을 주면 자궁액 중에 떠있는 태아를 촉진할 수 있다.

임신 4개월이 되면 태반액의 무게로 자궁이 복강으로 처지기 때문에 자궁의 팽창을 인식하기 어렵게 된다.

(3) 태 아

임신 120~160일에 직장검사에 의하여 50% 태아를 촉진할 수 있다. 임신 5.5~6.5개월에는 120~160일보다 태아를 촉진할 수 없게 되어 단지 40~50%만 촉진이 가능하다. 7개월부터는 다시 태아를 쉽게 감지할 수 있게 된다.

(4) 궁 부

비대한 궁부를 촉진하여 임신을 진단할 수 있다. 궁부의 크기는 임신의 단계에 따라 변이가 크다. 그 원인은 궁부의 수에 있다. 임신각의 중앙에 있는 것은 말단에 있는 것보다 크며, 또 불임각에 있는 것은 임신각에 있는 것보다 크기가 작다. 궁부는 임신 3.5~4개월에 처음 촉진된다. 손가락으로 자궁을 쭉 누르고 뒤쪽으로 어루만지거나 압착하면 골반연의 바로 밑이나 앞에서 자궁각 중앙부에 있는 궁부를 촉진할 수 있다. 궁부는 임신이 진행됨에 따라 점차 크기가 커진다. 임신 5~6개월경에는 자궁이 복강으로 떨어지게 되므로 촉진할 수 없게 된다.

(5) 중자궁동맥

중자궁동맥의 비대와 이 동맥의 맥동파의 특징적 변화로 임신을 진단할 수 있다. 이 동맥에서 맥박에 따른 전율을 감지할 수 있다. 임신 80여일 경에 최초로 이 동맥을 감지할 수 있으며, 100~180일에는 이 동맥을 쉽게 찾을 수 있고 맥동도 감지할 수 있다. 중자궁동맥은 임신한 자궁의 외측벽에서 찾을 수 있고 중자궁동맥에 가해지는 손가락 끝의 압박의 정도에 따라 손끝에 전달되는 느낌이 다르며 압박이 심할수록 전율도 뚜렷하다. 임신 말기로 갈수록 이 동맥은 굵어지면서 꾸불꾸불해지고 명확하게 감지되며 굵을수록 맥동도 힘차다.

직장검사에 의한 임신진단 시기는 인공수정 후 60~90일이 적당하다. 직장검사에서 난소, 자궁, 태아, 궁부와 중자궁동맥에서 임신과 관련된 소견을 감지하면 임신으로 판정할 수 있다. 직장검사에 의한 임신진단을 할 때 임신하지 않은 암소의 변화가 없는 자궁경, 좌우 자궁체와 자궁각의 위치와 소견을 정확히 익히고 있으면 임신감정에 도움이 되며 쉽게 임신감정을 할 수 있다.

31. 농가가 말하는 분만간격을 줄일 수 있는 방법

한우 번식농가와 번식과 비육을 병행하는 일괄사육농가는 번식우의 번식효율을 높이기 위하여 부단한 노력을 경주하고 있다. 번식효율은 1수태에 요하는 수정횟수, 수태율 및 분만간격으로 나타내므로 분만간격을 단축시킨다는 것은 번식효율을 높인다는 것과 같다. 분만간격을 줄이는 방법에는 여러 가지 방법이 있는데 농가가 말하는 방법을 간추려 해설한다.

1) 옥수수 사일리지를 급여한다

일반적으로 번식우는 조사료 위주로 길러야 한다고 말하고 있다. 옥수수 사일리지는 조사료 중에서도 양질의 조사료에 속하므로 번식우에 옥수수 사일리지를 급여한다는 것은 번식우에 양질의 조사료가 급여된다는 것이다. 옥수수 중에는 가용무질소물이 42~50%, 조섬유가 24~27%, 조단백질이 6.4~10.4%, 가소화영양분총량이 47~54% 들어 있으므로 사일리지 제조과정에서 영양분의 손실이 있겠으나 옥수수 사일리지 중에는 옥수수에 준하는 영양분이 함유되어 있다. 또한 옥수수 사일리지 중에는 비타민류와 광물질들이 풍부하게 포함되어 있다. 따라서 번식우에 옥수수 사일리지가 급여될 경우 이들 영양성분들이 번식효율을 높이는 데 효과적으로 작용할 것이다.

2) 혈통이 있는 우량송아지를 구입하여 혈통있는 번식우를 확보한다

소에 있어서 생식에 관계있는 형질, 예를 들어 분만간격의 유전력은 낮아서 개체선발의 효과는 적지만 혈통이 있는 번식우는 새끼를 잘 낳고 좋은 송아지를 생산한다. 번식우 중에서 임신이 잘되는 소를 남겨두므로 우군자체의 번식성적을 향상시킬 수 있으며, 이는 우군의 평균 분만간격을 줄이는 데 이어진다. 혈통이 있는 번식우는 번식이 잘되는 것들만 선발된 것이므로 혈통우를 확보하는 것은 그 우군의 번식효율을 높이게 된다.

3) 소가 마르지 않도록 한다

적당히 살찐 소가 발정이 잘 오고 수태가 잘된다. 그래서 농가는 번식우의 BCS(신체충실도)를 3.5내외로 유지하려고 노력한다. 소는 마르면 모든 영양분을 몸을 유지하는 데 동원하고 번식생리를 뒤로 미뤄 발정이 오지 않거나 발정이 오더라도 미약하게 오는 경우가 많다. 따라서 번식우는 마르지 않도록 영양관리를 잘해야 한다.

4) 선발도태를 실시하여 우군을 개량해야한다

발정이 잘 오지 않고 수태가 잘되지 않고 젖이 잘 안 나오며 성질이 나쁜 소들을 도태하여 우군을 개량해 나가면 우군의 번식효율, 즉 분만간격을 줄일 수 있다.

5) 비타민 제재를 급여한다

번식생리와 비타민 A, D, E와는 밀접한 관계가 있다. 비타민이 부족하면 난소기능이 약해져 난포형성이 잘 안되며 발정이 오지 않는다. 조사료의 질이 좋지 않을 경우에는 비타민의 결핍을 가져오며, 이로 인하여 난소의 기능이 위축된다. 따라서 번식우에 비타민을 주사해 주거나 종합비타민을 물에 타 먹이거나 사료를 줄 때 사료 위에 약간 뿌려주면 비타민이 공급되어 난소의 기능이 촉진되어 발정이 잘 오고 인공수정 했을 때 수정란의 착상률이 높아지고 수정란의 조기 폐사율을 줄여 수태율이 향상되면서 분만간격이 단축된다.

6) 농후사료를 제한급여하면서 조사료 위주로 사양한다

농후사료를 요구량 이상으로 과다급여하면 번식우는 살이 찌게 되고 난소 주위에 지방이 축적되어 난소의 기능이 저해되며, 특히 배란장애를 가져오기 쉽다. 따라서 번식우는 조사료 위주로 사양하면서 농후사료는 보조사료로 급여해야 한다.

7) 첫 교배는 생후 14개월 이후에 실시한다

육성 중에 있는 암소는 12개월령 전후하여 첫 발정이 온다. 14개월 이전에 수정하면 처녀 소의 발육에 지장을 가져오고 체구가 작은 상태에서 분만하여 난산의 위험성이 있으며, 송아지의 생시체중도 적어 송아지는 병에 걸리기 쉽고 발육이 나쁘다. 분만 후에도 발육을 계속해야 하므로 영양이 부족하면 분만 후 발정이 늦어져 분만간격이 길어진다.

8) 분만 후 2개월 전후에 농후사료를 20% 증가 급여한다

소는 태아체중의 1/2 이상이 임신 말기에 증가한다. 한편 태수도 임신 말기에 갑자기 증가한다. 임신 말기의 태아체중의 증가와 태수의 증가를 위하여 임신우의 영양공급이 증가되어야 하며, 따라서 분만 전 2개월부터 농후사료를 20% 증가 급여할 필요가 있다.

한우의 산유량은 분만 후 1개월까지는 1일 4.7kg이고 1개월에서 2개월 사이는 1일 4.0kg이었다가 2개월 이후는 급속히 감소한다. 따라서 분만 후 2개월까지의 기간에 포유로 인한 어미의 체중의 감소를 방지하고 비유를 촉진하기 위하여 분만 후 2개월간 농후사료를 증가 급여할 필요가 있다. 분만 전 2개월간 농후사료를 증가 급여하지 않으면 임신 중 송아지의 발육이 불량하여 허약한 송아지를 분만하기 쉽고 분만 후 비유기간에 어미소의 체중이 감소하여 마른 소가 되기 쉬우며 마른 소가 되면 분만 후 30일이 지나도 발정이 오지 않거나 분만 후 늦게 발정이 와 결국 분만간격을 증가시킨다. 따라서 분만 후 어미소의 BCS를 3.5내외로 유지하기 위하여 분만 전후 농후사료를 20% 전후로 증가 급여하는 것이 바람직하다. 그러나 분만 전후 무조건 농후사료를 20% 증가 급여하기보다는 번식우의 BCS를 보아가면서 농후사료의 증가 급여량을 조절하는 것이 필요하다.

9) 미네랄 블럭을 연중 자유로 급여한다

미네랄 블럭에는 소가 필요로 하는 각종 무기물과 비타민이 함유되어 있으므로 연간 자유로 먹이면 소가 필요로 하는 무기물과 비타민이 공급되어 번식생리에 좋은 영향을 주어 난소기능을 원활하게 한다.

10) 발정관찰에 힘쓴다

소의 60%는 오전 중에 40%는 오후에 발정징후를 나타낸다. 따라서 발정한 소를 찾아내기 위하여 오전 오후에 걸쳐 소를 관찰해야 한다. 일단 수정한 개체에 대하여는 재발정예정일 2~3일 전부터 해당 소의 발정 관찰에 주의를 기울여야 한다.

11) 한 발정기에 2회 수정한다

발정이 와서 인공수정을 했음에도 불구하고 계속 발정징후가 계속되는 경우에는 다시 한 번 인공수정을 실시하면 수태율이 향상된다. 일반적으로 오전에 발정한 것은 오후에, 오후에 발정한 것은 다음날 오전 중에 인공수정 하는 것으로 되어 있으나 수소를 허용하는 발정 중에 수정하는 것이 수태율이 높다.

12) 우사 내 환경이 좋아야 한다

여름철에 우사 내 온도가 상승하면 번식우는 고온 스트레스를 받게 된다. 고온 스트레스는 미약발정과 불임의 원인이 됨으로 우사 내 통풍과 환기가 잘되도록 하여 더운 여름철 내내 우사 내 온도가 상승하지 않도록 조치가 필요하다.

이상은 농민들이 말하는 분만간격을 단축하는 방법들인데 매우 적절한 지적이라 볼 수 있다.

32. 소 수정란 이식은 어떤 과정으로 이루어지며 이를 어떻게 활용하는지

소의 수정란 이식이란 암소(공란우)의 자궁에서 회수한 수정란이나 시험관에서 수정하여 배양한 수정란을 수란우(대리모)의 자궁 내에 정액 주입과 같은 방법으로 넣어주어(이식하여) 임신 분만케 하는 일련의 기술을 말한다.

생후 2~3 개월 된 암송아지의 난소 1개에는 앞으로 난자가 될 난모세포를 1~10만개 가지고 있다. 그러나 한 마리의 암소가 일생을 통하여 낳을 수 있는 송아지의 수는 잘해서 12~15두이다.

현재 우리나라의 한우 가임 암소 한 마리가 일생 2~3두의 송아지를 낳은 후 죽게되는 안타까운 현실에 놓여있다. 수정란 기술을 활용하면 짧은 기간 내에 우수한 송아지를 많이 생산할 수 있다.

수정란 이식은 먼저 공란우의 다배란 처리 및 인공수정 – 체외로의 수정란 회수 – 회수한 수정란의 검색 및 평가 – 수정란의 보관 및 수송 – 수란우의 발정동기화 – 수정란의 이식 등

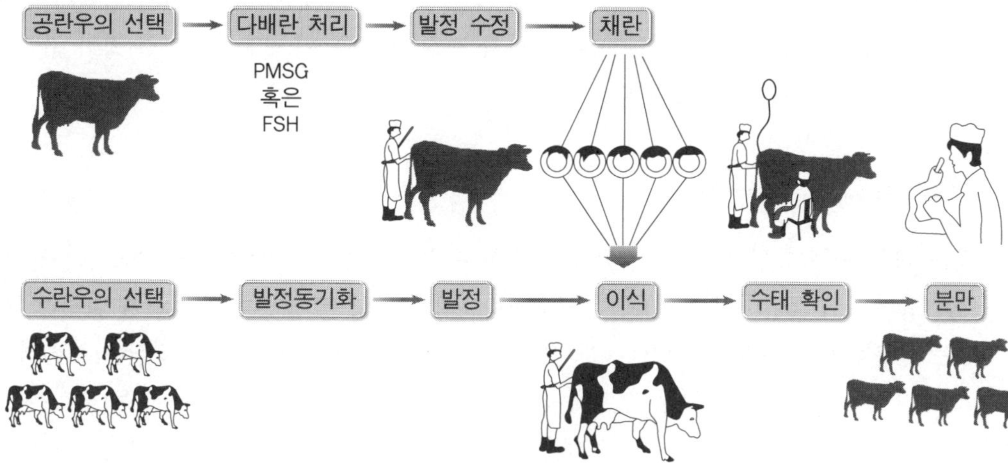

그림 1. 수정란 이식 방법

여러 과정을 거쳐 이루어진다(그림 1 참조).

따라서 수정란 이식에서 높은 수태율을 얻기 위하여는 이상에 언급한 모든 일련의 과정이 완벽하게 이루어져야 한다. 이하 이들의 과정을 개략 살펴본다.

1) 공란우의 다배란 처리 및 인공수정

일반적으로 난포자극호르몬인 FSH나 PMSG를 공란우에 근육주사하여 다배란을 유도한다. FSH 총 32～40mg을 1일 2회 4～5일간 감량투여하고 $PGF_{2\alpha}$ 45mg씩을 마지막 FSH 투여 후 3일과 5일에 각각 투여한다. 또는 PMSG 2,500～4,000 I.U.를 1회 주사하고 2일 째에 $PGF_{2\alpha}$ 45mg을 주사한다. 발정한 공란우는 수정적기에 인공수정 한다.

2) 수정란의 회수

수정란은 발정 후 7～8일에 관류액으로 자궁을 세척하여 회수한다. 공란우를 보정한 후 미추 경막외 마취를 실시하고, 채란기(카테터)를 질을 통하여 자궁경관을 통과시켜 자궁각에 고정시킨 후 약 500～1,000ml의 관류액으로 5회 세척하여 세척한 액을 실린더에 받는다. 채란기를 자궁각에 고정하는 경우 좌우 자궁각을 각각 세척한다.

3) 수정란의 검색 및 평가

회수한 관류액을 30분 이상 정치하면 회수된 난자는 실린더 바닥에 가라앉는다. 실린더 밑

부분의 관류액 약 100ml을 여러 개의 직경 10ml 접시에 옮겨 실체현미경 하에서 검색하여 난자를 찾아 작은 접시에 옮긴다. 수정란 하나 하나를 관찰하여 수, 우, 미, 양, 가로 평가 분류하여 질이 좋은 난자만을 이식에 사용한다.

4) 수정란의 보관 및 수송

수정란은 액상 또는 동결 보존한다. 액상 보존한 수정란을 신선수정란이라고 하고, 동결 보존한 수정란을 동결수정란이라고 한다. 신선수정란은 25～37℃에 보관한 수정란을 말하고, 동결수정란은 동결하여 액체질소(−196℃) 보관고에 보관한 수정란을 말한다. 수정란은 보존하기 전에 0.25ml나 0.5ml 스트로에 넣는다. 신선수정란은 스트로를 25～37℃의 물이 들어 있는 보온병에 넣어 수송하고, 동결수정란은 스트로를 −196℃의 액체질소가 들어 있는 보온병에 넣어 수송한다.

5) 수란우의 발정동기화

이식한 수정란의 착상률을 높이기 위하여 공란우와 수란우가 같은 시기에 발정이 오도록 한다. 공란우에 PMSG 또는 마지막 FHS를 투여 후 36시간째에 수란우에 $PGF_{2\alpha}$를 투여하면 공란우와 수란우가 같은 시기에 발정이 온다.

6) 수정란의 이식

외과적 또는 비외과적 이식 방법을 사용한다. 수란우에 상처를 주지 않고 농가나 목장 등 야외에서 실시가 가능하며, 1～2인의 기술자에 의하여 간단히 실시할 수 있는 비외과적 이식 방법이 훨씬 실용적이다. 비외과적 이식 방법은 직장질법에 의한 인공수정 요령으로 이식기를 자궁경관을 통과시켜 자궁 내 깊이 삽입하여 수정란을 주입한다. 수정란은 발정 후 7～8일된 공란우에 이식한다.

〈수정란 이식의 활용〉

유전능력이 우수한 암소의 자손을 짧은 기간에 많이 얻으려 할 경우 수정란 이식을 활용한다. 자연 발정한 암소에서 1년에 17회(365일÷21일＝17.3) 수정란의 회수가 가능하다. 17개의 수정란을 수란우에 이식하여 50%가 착상하면 한 암소의 송아지를 1년에 약 8.5두 생산할 수 있다. 한우의 수정란을 젖소 수란우에 이식하면 젖소에서 한우 송아지의 생산도 가능하다. 수정란 이식 기술을 활용하면 짧은 기간 내에 우수한 암소의 송아지를 많이 얻을 수 있어 개량이 촉진된다.

33. 젖소에 한우 수정란 이식

필자는 젖소에 한우 수정란을 이식하여 1986년 12월 19일 젖소에서 한우 송아지를 생산한 바 있다. 최근 한우 송아지 값이 젖소 송아지 값에 비하여 약 5배정도 비싸고 낙농에서 우유 쿼터제가 실시되어 우유 생산량에 제한을 받고 있어 젖소 송아지 생산을 제한하는 한편 수익성을 높이려고 젖소에 한우 수정란을 이식하여 젖소에서 한우 송아지를 생산하는 낙농가가 늘어나고 있다.

충북 충주시 엄정면에서 젖소 50두, 착유우 20여두를 사육하고 있는 김웅기(53)씨는 1998년부터 축산위생연구소의 도움을 받아 젖소에 한우 수정란을 이식하여 매년 10여 두의 한우 송아지를 생산하여 현재(2005. 7)까지 젖소에서 38두의 한우 송아지를 생산하여 경제적 어려움을 극복했다고 보고되고 있다.

충남 천안시 성남면에서 한우 300여 두를 사육하고 있는 가야목장의 김수경씨는 2004년 부터 한경대학교 동물생명자원학과 윤종택 교수팀의 도움을 받아 젖소에 한우 수정란을 이식하여 현재까지(2005. 7)까지 6마리의 한우 송아지를 생산하였다. 가야목장에서는 수정란 이식을 실용화하기 위하여 현장에 수정란 채란이식실을 2004년 마련하였다.

수정란의 채란과 이식은 한경대학의 수정란 이식팀이 가야목장 현장에 출장하여 실시한다. 공란우와 수란우의 준비는 한경대학의 프로그램에 따라 가야목장에서 준비한다. 가야목장은 자체에서 사육하고 있는 한우 암소 중 유전능력이 우수한 암소를 공란우로 선정하여 다배란 처리를 한다. 가야목장은 생후 10～12개월령의 젖소 처녀우를 시중에서 두당 80～90만원에 구입하여 수란우로 사용하고 있는데 한우 암소를 수란으로 사용하는 것보다 훨씬 경제적이라고 말하고 있다.

일반적으로 수정란 이식의 수태율은 30～50%, 분만율은 20～40%로 보고있는데 가야목장에서는 80%의 높은 수태율을 얻었다. 공란우와 수란우의 관리가 양호하고 현장에서 채란하여 바로 이식한 결과 좋은 성적을 얻은 것으로 보고 있다.

젖소 암소에서 태어난 한우 송아지는 젖소에 자연포유 한다. 분만 후 유방이 부은 어미 젖소는 유방이 아파 송아지가 젖을 빠는 것을 거부한다. 이런 경우 진정제를 어미에 주사하면 진정효과가 24시간 지속되며 이 기간 송아지가 젖을 빠는 것을 허용하여 일단 젖이 풀리면 그 다음부터 무리 없이 자연포유가 가능하게 된다. 젖소 어미소의 젖을 먹은 한우 송아지는 초유와 우유를 충분히 먹어 송아지의 설사가 거의 없으며 영양과 발육이 양호하다. 젖소 어미소의 유량분비를 억제하기 위하여 배합사료 급여량을 1일 1두 2.5～3kg로 제한급여한다. 송아지는 생후 75일에 이유하고 젖소 어미소는 이유와 동시에 건유하여 다시 수란우로 활용한다.

한편 한경대학교 동물생명자원학과 윤종택 교수팀은 다배란 처리한 한우 칡소 암소에서 수

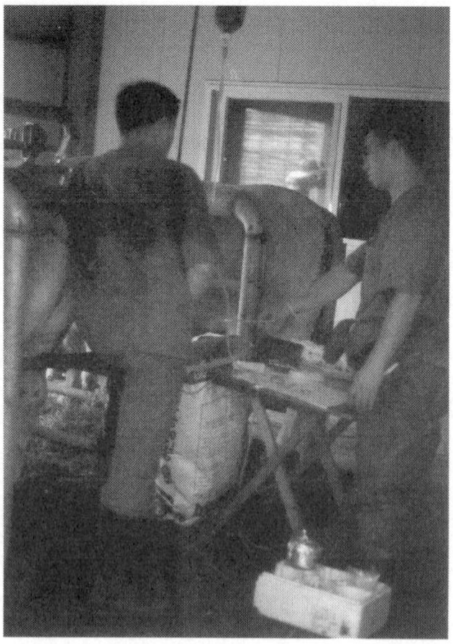

그림 1. 한우 공란우에서 수정란 채란

그림 2. 젖소에서 태어난 한우 송아지(가야목장)

정란을 채란하여 발정 동기화한 12두의 젖소 수란우에 이식하여 10두(83.3%)의 칡소 송아지를 생산하여 칡소 증식에 수정란 이식 기술이 활용될 수 있음을 보여주었다.

34. 분만 후 빨리 새끼를 들이려면

번식우를 기르는 사람이면 누구나 번식우가 송아지를 분만하면 다음 새끼들일 걱정을 한다. 1년 1산을 이룩하려면 번식우는 분만 후 적어도 80일 이내에 새끼가 들어야 한다. 임신기간 소의 난소에는 임신황체가 존재하며 이 임신황체는 임신을 유지시키는 황체호르몬을 분비하여 임신을 유지시켜 오다가 분만이 가까워지면 자궁에서 황체퇴행인자인 $PGF_{2\alpha}$가 분비되어 임신황체가 퇴행하며 황체호르몬의 수준이 감소하면서 분만하게 된다.

분만 후 임신을 시키려면 난소에 난포가 발육하여 난포에서 발정호르몬이 분비되어 발정이 와야 한다. 따라서 분만 후 빨리 임신을 시키려면 분만 후 난소에 난포가 빨리 형성되어 발육하도록 번식생리의 요건을 갖추어 주어야 한다. 어떻게 하면 번식생리의 요건이 갖추어져 난소에서 난포가 자라 발정이 오게 되며 분만 후 빨리 새끼를 들일 수 있는지를 살펴본다.

1) 분만 후 자궁이 빨리 회복되어야 한다

분만한 소의 자궁은 태아와 태아를 둘러싸고 있는 양수와 요수 및 태반으로 확장된 상태에 있다. 태아와 후산이 만출 되면 자궁은 수축하면서 정상적인 상태로 복귀하기 시작한다. 자궁이 수축하면서 혈액을 포함한 자궁분비물(오로)이 배출되는데, 오로의 순조로운 배출은 자궁의 수축을 돕는다. 분만 후 포유는 유두를 통한 자극이 뇌하수체후엽에 전달되어 뇌하수체후엽에서 옥시톡신(oxytocin)이 분비되며 이 옥시톡신은 자궁에 내려와 자궁을 수축시킨다.

따라서 분만 후 송아지가 어미소의 젖을 자주 잘 빨면 자궁의 수축이 촉진된다. 한편 분만 후 어미소가 운동을 하면 자궁이 자극되어 오로의 배출이 촉진되며 오로가 잘 배출되면 분만 후 자궁 내가 빨리 깨끗해진다. 따라서 분만 후 방목을 하면 오로 배출에 도움이 된다. 분만 후 자궁이 원상태로 돌아가는 데는 30일 전후가 걸린다.

2) 후산정체를 적절히 치료한다

분만 후 24시간이 경과해도 태반이 배출되지 않는 것을 후산정체라고 한다. 후산정체가 수일간 지속되면 자궁 내에 정체한 태반은 부패하기 시작하여 자궁에 염증을 유발한다. 후산정체는 자궁의 수축에 지장을 줄뿐만 아니라 자궁내막염은 난소의 기능회복을 저해하며 난소에서 난포의 발육에 지장을 준다. 그뿐만 아니라 수정란이 자궁에 착상하는데도 지장을 준다. 그러므로 후산정체가 일어나면 분만 후 1~2일 내에 수의사의 도움을 받아 치료를 받아야 한다(후산정체 참조). 후산정체를 예방하기 위하여 임신후기에 농후사료 과다급여를 자제해야 한다. 또한 분만 후에는 반드시 후산을 확인해야 한다.

3) 너무 마르지 않게, 너무 살찌지 않게 기른다

분만시 약간 마른 소는 포유기간 중에 체지방이 우유로 빠져나가 마른 소(신체충실도 2)가 되기 쉽다. 소는 마르면 몸을 유지하기 위하여 번식을 뒤로 미루는 생리를 가지고 있다. 그래서 마르면 난소 기능이 중지되거나 약하여 분만 후 발정이 오지 않거나 발정이 온다고 하더라도 미약하게 와 발정을 발견하기가 힘들다. 발정이 오더라도 배란을 동반하지 않으므로 인공수정하더라도 수태가 되지 않고 다시 발정이 온다. 이런 소를 발정이 오도록 하려면 사료를 증가 급여하면서 양질의 조사료를 충분히 급여하여 적당히 살이 찌도록 해야 한다. 즉 신체충실도가 2.5~3.0이 되게끔 사료를 먹여야 한다.

분만시 살이 쪄있는 소에 분만 후 농후사료를 다급하면 살이 찐 소(신체충실지수 4)가 되며 이런 소는 생식관, 특히 난소 주위에 지방이 축적되어 난소 기능에 장애가 생겨 발정이 오지 않거나 발정이 오더라도 배란장애가 생겨 난포낭종우가 되기 쉽다. 난포낭종우가 되면 7~15일 간격으로 자주 발정이 오며, 발정시 심한 발정증상을 보인다. 이런 소는 농후사료의 급여량을 줄여 살이 빠지도록 해야 한다. 살찐 소보다는 약간 마른 소가 새끼가 잘 든다는 말이 있다.

4) 발정이 분만 후 몇 일만에 오는지 알아둔다

일반적으로 한우는 분만 후 45일 전후에 발정이 온다. 분만 후 발정이 오는 일수는 소의 개체, 영양, 연령, 산차, 계절에 따라 영향한다. 필자가 본인의 연구소에서 조사한 자료를 보면 표 1과 같이 개체간에 차이가 많다. 빠른 것은 분만 후 19일에 온 것이 있는가하면 늦은 것은 분만 후 103일에 온 것이 있다. 일반적으로 빠른 것은 분만 후 30일 전후에 오며, 늦은 것은 70일 전후에 온다. 늦어도 발정이 분만 후 70일 전후에 오면 1년 1산이 가능하다. 분만 후 70일 이후에 오는 것은 그리 많지 않으며 특별한 경우로 보아야 할 것이다. 분만 후 발정일의 평균은 1, 2, 3산이 각각 44, 53 및 43일로 2산차가 약간 길었으나 산차간에 차이가 없다고 말할 수 있다.

개체별로 살펴보면 01-14, 01-16호는 1, 2, 3산차 모두 분만 후 30일 전후에 발정이 왔으나 01-12, 01-15, 01-29, 01-30, 01-37호는 1, 2, 3산차 모두 40일 이후에 발정이 왔다.

따라서 분만 후 빨리 새끼를 들이려면 분만 후 발정이 늦게 오는 개체에 대하여는 왜 발정이 늦게 오는지를 분석하여 발정이 오도록 조치를 취해야 한다. 특히 01-30호는 1산과 2 산에서

표 1. 개체, 산차별 분만 후 발정일

산차 / 명호	1 산	2 산	3 산	평 균
01-11	56	47	32	45
01-12	46	63	49	52
01-13	33	46	25	35
01-14	31	35	30	32
01-15	43	30	103	59
01-16	30	33	33	32
01-19	48	33	34	38
01-29	52	71	36	53
01-30	90	102	–	96
01-31	36	45	38	40
01-33	39	48	28	38
01-34	32	71	24	42
01-35	28	57	49	45
01-36	68	28	57	51
01-37	31	79	74	61
01-38	49	52	36	46
03-33	62	–	–	62
03-37	19	–	–	19
평 균	44	53	43	45

(번우가축생명과학연구소, 2005)

분만 후 90일과 102일에 발정이 와 문제가 있는 소이므로 비육 쪽으로 돌려야 할 것이다.

일반적으로 분만 후 6주(42일) 이후에도 발정이 오지 않는 개체는 발정이 오는지를 주의깊게 관찰해야하며, 분만 후 8주(56일)가 되어도 발정이 오지 않는 소는 사양관리를 개선하든지 발정을 유도하는 조치를 취해야 한다.

5) 분만 후 60일이 지났는데도 발정이 오지 않는 소는 조치를 취한다

분만 후 60일이 되었는데도 발정이 오지 않는 소는 문제가 있는 소이다. 소가 너무 말라있는 소는 살이 적당히 찌도록 조치를 취해야 하고, 너무 살이 쪄있는 소는 살이 빠지도록 조치를 취해야 한다. 살이 적당히 쪄있는데도 발정이 오지 않는 소는 $PGF_{2\alpha}$(루테라이스)를 5ml 주사하여 발정을 유도하고 $PGF_{2\alpha}$를 주사하였는데도 발정이 오지 않는 경우는 11일 후에 다시 $PGF_{2\alpha}$를 주사한다. 너무 마른 소를 살찌게 하면 살이 찌면서 발정이 오며, 살이 너무 찐 소는 살이 빠지면서 발정이 온다. 살이 적당히 빠졌는데도 발정이 오지 않는 경우는 $PGF_{2\alpha}$를 주사한다. 특별한 경우를 제외하고는 살이 적당히 찐 소는 분만 후 70일 이내에 발정이 온다.

6) 개체가 분만 후 발정이 늦게 오는 소인지 빨리 오는 소인지를 파악한다

2산을 하여 3산에 들어간 소는 1, 2산의 성적을 보고 분만 후 빨리 발정이 오는지 늦게 오는지를 분별하여 늦게 오는 소에 대하여는 3산 이후부터는 발정이 오는지에 대하여 관심을 가지고 관찰해야 한다.

7) 발정 관찰을 잘하여 발정이 온 소를 찾아낸다

분만하여 처음 오는 발정이므로 분만 후 언제 발정이 올지를 예견할 수 없다. 따라서 발정이 온 소를 발견하려면 우군을 잘 관찰해야 한다. 일반적으로 발정은 오전 중 60%가 오후에 40%가 오며, 특히 오전 일찍 발정이 오는 소가 많다고 보고되고 있다. 아침에 일어나서 소들을 관찰하고 아침 사료를 주고 다시 소들을 관찰하면 발정이 온 소를 찾아낼 수 있다. 낮에 소가 한가로이 쉬고 있을 때 관찰하면 발정난 소를 발견할 수 있다. 분만 후 30일 이후부터 발정이 오기 시작하므로 분만 후 30일부터는 발정 관찰에 유념해야 한다. 발정 관찰은 승가에 주안점을 두고 올라타는 소와 태우는 소를 유심히 관찰하여 발정이 온 소를 판가름한다.

8) 발정 중 수정적기에 인공수정을 한다

발정을 발견하고도 수정적기를 못 맞춰서 수태시키지 못하면 안타까운 일이며, 만사가 수포로 돌아가는 것이다. 따라서 인공수정은 수정적기에 실시해야 한다. 수정적기를 정하는 데는 발정개시시기와 발정증상이 중요한 단서가 된다. 일반적으로 오전에 발정이 온 것은 오후에, 오후에 발정이 온 것은 오후 늦게나 다음날 오전 중에 인공수정을 하면 높은 수태율이 얻어진다고 보고되고 있다. 수정적기는 수놈을 허용하는 시기이므로 발정증상을 보고 수놈을 허용하는 시기인지를 판단해야 한다. 인공수정은 빠르지도 않고 늦지도 않은 시기에 실시해야만 수태할 수 있다. 너무 서둘러도 안 되고 너무 늦어도 안 된다.

9) 재발정이 오는지를 잘 관찰한다

분만 후 발정이 와서 인공수정을 한 번식우는 수태가 안 되면 21일 전후하여 다시 발정이 온다. 따라서 1회 수정한 번식우는 재발예정일을 달력에 표시해놓고 재발예정일 전후하여 발정이 다시 오는지를 유의하여 관찰해야 한다. 분만 후 첫 발정이 미약하게 왔거나 수정적기에 수정하지 못한 번식우는 재발정이 온다. 분만 후 첫 발정이 미약하게 왔던 번식우는 재발정에서는 발정이 잘 오는 경향이 많다. 수태율이 80%가 되려면 1수태당 수정횟수가 1.25가 되어야 한다. 수태율이 높아야 분만 후 빨리 새끼를 들일 수 있다.

35. 수태율을 높이려면 인공수정사와 농가간에 호흡이 맞아야 한다

다두 사육을 하는 농가에서는 때로 한 두 마리가 수태가 잘 안 되는 것이 아니라, 반 이상의 소가 일제히 수태되지 않아 고민하는 경우가 있다. 이런 경우 농가는 발정발견에, 인공수정사는 수정적기 판단에 신경이 예민해진다. 때에 따라서는 이로 인하여 농가와 인공수정사간에 말 못할 불신감이 높아진다.

이런 가운데 계절이 바뀌고 사료급여 방법이 바뀌면서 수태율이 향상되는 경우가 있다. 이런 경우 농가는 수정사의 노력과 기술에 대하여 불평을 하게 되며 종종 인공수정사의 입장이 어려워지는 때가 있다. 그러나 수태성적이 좋으면 농가와 인공수정사는 태어나는 송아지와 더불어 일체감을 갖게 된다.

반면 수태성적이 떨어지면 그 원인이 인공수정사에 있는 것처럼 생각되기 쉽다. 불행하게도 수태성적의 저하는 지역적으로 일어나는 경우가 많다. 약자인 인공수정사는 어려운 입장에 놓이게 되며 기술자로서 의욕을 잃는 경우도 있다. 반대로 번식의 어려움과 인공수정사와의 마찰이 갈등이 되어 소 기르기를 그만두는 농가도 있다.

농가의 연락을 받고 수정사가 농가를 방문하였을 때 소의 발정상태가 애매하여 인공수정을 하지 못하는 경우가 있다. 발정이 약하게 왔기 때문에 인공수정사가 수정을 거부하는 경우이다.

농가가 수정사를 부를 때 수정사에게 어떻게 이야기하는가가 중요하다. 발정이 온 것 같다고 애매하게 이야기하지는 않는지, 이런 경우 소의 발정이 약해 수정사가 와서도 수정을 시키지 않는 경우가 많다.

인공수정사는 자연교배에서 얻을 수 없는 우량한 종모우의 정액을 정상적으로 발정이 온 소에 수정적기에 훌륭한 기술로 주입해 주는 것이다. 발정이 잘 안 온 소와 수정적기가 아닌 소에는 인공수정 않는 다는 것이 수정사의 입장이다. 농가와 수정사간에 큰 문제가 되는 것은 수정적기에 관한 것이다. 인공수정의 경우 발정이 잘 온 소에 적기에 수정하면 자연교배와 같은 성과가 얻어진다.

인공수정의 적기는 자연교배의 적기보다 조금 늦은 시기라고 하는 것이 상식으로 되어있다. 일반적으로 밤에서 오전 이전에 발정이 온 소는 같은 날 오후에, 오전 중에 발견한 소는 그날 저녁이나 다음날 아침 일찍, 오후에 발견한 소는 다음날 오전 중에 인공수정하는 것으로 되어 있다.

그런데 실제로 농가가 원하는 시간에 인공수정사가 오지 않는 경우가 있다. 이 문제가 농가와 인공수정사간에 일어나는 가장 큰 고민이며 인공수정의 결점이기도 하다. 수정사는 전일 오후와 그날 아침에 연락 받은 발정 정보를 근거로 도는 순서를 정해 출발한다. 이때 이미 농가의 예측시간과 차이가 생긴다. 때로는 농가가 소를 잡아 보정하는데 예상외로 시간이 많이 걸려 다른 농가에 도착하는 시간이 예상보다 늦어지는 경우가 있다.

발정이 약하게 온 소에서는 문제가 생긴다. 발정이 약하게 온 소는 수정적기를 판단하기 어려운데다 수정적기의 폭이 좁기 때문에 수정사가 왔을 때 발정이 끝났거나 아직 이른 경우가 있다. 이 때 농가는 말은 하지 않지만 방문시간에 대한 불만을 갖게 된다.

발정이 세게 잘 온 소는 발정발견이 쉽고 수정적기 판단이 쉬울 뿐만 아니라 좋은 발정에 의하여 자궁 등 생식기 내의 생리조건이 좋아 수정적기의 폭이 넓다. 즉 수정적기가 약간 빠르거나 늦어도 수태에는 별 영향이 없다.

농가는 번식우가 강한 발정이 오도록 사양관리를 해야 한다. 이 것이 1년 1산의 기본이다.

소가 강한 발정이 오면 소의 행동으로 발정을 간단히 발견할 수 있고 수정적기가 넓기 때문에 수정사와의 문제도 없어진다. 발정이 잘 오도록 소를 기르지 못하면 소를 오래 기를 수 없다.

1년 1산 할 수 있는 소는 분만 후 30~40일 사이에 발정이 온다. 수태가 되려면 번식 기능의 회복이 중요하다. 분만 후 발정이 다시 온다는 것은 번식생리가 회복되어 난소가 기능을 개시했다고 볼 수 있다. 분만 후 30~40일 사이에 발정이 오면 분만 후 50일 이내에 첫 번째 인공수정을 할 수 있게되며, 1년 1산 조건인 분만 후 80일 이내에 수태가 가능하게 된다.

본인의 경험으로는 분만 후 30~40일 사이에 발정이 오는 소는 분만 후 조기에 수태가 되고 그렇지 못한 소는 인공수정 시기가 늦어지며, 소에 따라서는 수태가 걱정이 되기도 한다. 건강하게 잘 관리된 소는 분만 후 30~40일 사이에 발정이 온다.

36. 번식우(암소)는 다산으로 가야 한다

번식우(암소)는 2~3산 후 비육되어 도축되고 있다고 알려져 있다. 그 이유는 3산 이상 송아지를 생산한 암소를 비육하여 판매하면 육질이 좋지 않아 제대로 가격을 받을 수 없기 때문이라고 한다.

한우 암소는 최고 몇 산까지 할 수 있을까? 지난 2002년 8월 농업중앙회는 전국 9개 도시에서 출품한 암소 38두를 심사하여 총 13두의 송아지를 생산한 경남 합천군 이태순씨의 소 "양순이"를 최다산우로 선정하여 시상한 바 있다. 이것은 한우 암소를 잘 기르면 13산까지 송아지를 낼 수 있다는 이야기가 된다.

본인이 2004년 8월 28~31일 3박 4일 일정으로 일본 가고시마현의 마구라사기 지방의 화우 일반사육 농장과 비육 농장을 15군데 돌아보았는데 번식농장의 암소 평균 산차는 8~10산 이였고 최고 18산한 암소를 직접 보았다. 한국의 예와 일본의 예를 볼 때 한우 암소는 최고 13산까지 송아지를 생산할 수 있다고 본다.

우리 나라도 일본과 같이 번식우는 다산으로 가야 한다. 다산으로 가야 하는 이유를 들어 설명한다.

표 1. 어미소의 산차별 송아지 발육상태

산 차	두 수	이유시 체중(kg)	두 수	12개월령 체중(kg)	두 수	십자고 (cm)	두 수	곤 폭 (cm)
2	138	76.11	124	186.09	50	107.47	50	31.83
3	268	80.12	238	187.74	131	108.07	131	31.94
4	218	86.12	193	193.44	98	108.14	98	32.11
5	170	86.74	159	193.18	55	109.25	55	32.08
6	127	87.86	116	194.18	63	108.71	63	32.03
7	94	91.75	87	200.15	29	109.61	29	32.71
8	64	92.33	54	201.71	23	109.07	23	32.68
9	72	93.73	66	205.46	26	108.94	26	33.27
10	85	90.70	82	196.54	37	108.90	37	32.43
11	59	92.73	56	198.22	20	111.69	20	33.78

1) 바람직한 산차는 5~6산이다

젖소 암소는 5~6산에서 젖이 제일 많이 나오고, 송아지도 5~6산의 송아지가 제일 좋은 것으로 알려져 있다. 젖소 암소의 최다 산차는 11산 전후로 알려져 있다. 그래서 낙농에서는 암소의 경제성이 5~6산에서 제일 높으므로 낙농가는 젖소 암소가 5~6산을 할 수 있도록 최선을 다하고 있다.

그러면 한우에서는 몇 산차 송아지가 가장 좋은가? 국립축산과학원 한우시험장에서 한우 암소 1,295두를 대상으로 산차별 송아지의 발육상태를 조사하였는데 그 결과는 표 1과 같다.

송아지의 이유시 체중은 산차가 증가할수록 증가하였으며, 9산차가 93.73kg로 가장 컸다. 9산과 2산의 차이는 17.62kg로 큰 차이를 나타냈다. 한편 산차별 12개월령 체중은 9산까지 산차가 증가할수록 증가하였으며 10산차부터 약간 떨어졌다. 9산과 2산의 차이는 19.37kg로 큰 차이를 나냈다. 즉 산차가 높은 송아지 일수록 성장이 빠르다는 것을 알 수 있다. 따라서 번식우를 2~3산 후 비육하여 처분하는 한우 농가는 성장이 느린 2~3산차 송아지만 기르고 성장이 빠른 4산 이상의 송아지는 길러 보지도 못하게 되는 것이다.

2) 번식우의 선발을 위한 자료를 얻을 수 없다

번식우가 성장이 빠르고 육질이 좋은 장래성이 있는 송아지를 생산하는지를 알려면 번식우가 낳은 송아지를 사육하여 비육을 한 후 육질 판정을 받아 보아야 한다. 번식우가 24개월령에 1산을 했다고 하면 1산 송아지가 30개월간 비육되여 도체등급이 판정되었을 때 어미의 연령은 54개월이 된다. 어미가 48개월령에 3산을 하고 처분하려고 비육을 하게되면 1산차 송아지의 도체등급이 우수한 것으로 판정된 시점에 어미소는 비육 중에 있거나 처분된 경우여서 그 어미소는 번식우로 선발될 기회를 잃게 된다.

2산차 송아지가 30개월간 비육되어 도체등급이 판정되었을 때 어미소의 연령은 66개월이 되며 어미소는 60개월령에 4산을 하게 된다. 따라서 1산과 2산의 송아지의 능력을 근거로 어미소를 선발하려면 어미소는 적어도 66개월령 이상 4산 이후에 도태여부를 결정해야 한다.

3) 이제부터 한우개량의 모체는 번식우가 되어야 한다

한우는 1965년부터 실시한 인공수정과 1984년부터 후대검정을 마친 보증종모우의 정액으로 실시한 인공수정에 힘입어 체형이 육용으로 변하면서 체구가 커졌으며 산육능력은 물론 육질도 크게 향상되는 개량효과를 얻었다. 지금까지 수소가 한우개량을 주도해 왔지만 앞으로는 한우의 개량을 촉진하기 위하여 번식우인 암소가 그 주역을 맡아야 할 것이다.

번식용이나 비육용으로 암 · 수송아지를 구입할 때 누구나 좋은 송아지를 구입하기를 원한다. 좋은 암소에 좋은 수소를 교배했을 때 좋은 송아지가 생산된다. 좋은 수소는 농협 한우개량사업소에서 후보 종모우의 후대검정을 통해서 선발되므로 종모우의 개량은 전적으로 한우개량사업소가 책임을 가지고 있다. 그러나 좋은 번식우의 선발은 전적으로 양축가의 손에 달려있다. 즉 양축가가 기르고 있는 번식우 중에서 어느 것을 선택하고 어느 것을 도태할지는 전적으로 양축가의 손에 달려 있다.

그러면 양축가는 무엇을 근거로 번식우를 선발하는지가 문제이다. 나름대로 기준이 있을 것이다. 가장 중요시하는 것은 체형이 아닌가 생각된다. 일반적으로 잘 크고 잘 생긴 것을 선호한다. 이 것만으로는 한우개량의 효과를 기대할 수 없다. 좀더 과학적이고 합리적인 자료를 근거로 번식우를 선발해야 한다. 가장 중요한 것은 부모의 혈통과 후대, 즉 송아지의 능력을 자료로 하여 번식우를 선발해야 한다. 지금까지 이 두 가지를 소홀히 하였거나 이 두 가지 자료를 얻지 못한 상태에서 송아지와 번식우가 선발되므로 암소를 기초로 한 한우개량이 실효를 거두지 못하였다.

그 외 과학적이고 합리적인 개량자료로 DNA 검사와 번식우와 비육우의 초음파진단에 의한 등지방두께, 등심단면적과 근내지방도의 측정치를 번식우의 선발 자료로 활용하는 것이다.

좋은 암소를 선발하여 이 암소들로부터 많은 송아지가 생산되어 핵군이 조성되어야만 한우개량이 촉진되고 개량의 기초가 확립된다. 좋은 암소로부터 많은 송아지를 생산하려면 번식우는 다산으로 가야 한다.

정부가 다산 장려금을 지급했던 것은 올바른 정책이었는데 이를 도중에 중지한 것은 잘 못된 것이다. 다산 장려금은 다산우를 보상해주는 효과도 있지만 우량송아지를 많이 생산케 하여 한우의 개량을 촉진하는 보다 큰 효과가 있다.

4) 4산 이상 송아지를 생산한 암소를 비육했을 때 과연 이 암소의 육질은 나쁜가?

일반적으로 4산 이상 송아지를 생산한 암소를 비육했을 때 고기가 질기다 라고 말하고 있다. 그런데 비육한 암소의 산차별 육질등급을 제시한 성적이 없다. 4산 이상 송아지를 생산한 암소를 비육했을 때 육질이 나쁘다는 것을 증명하려면 연구소나 축산물등급판정소에서 비육한 암소의 산차별 유질등급표를 제시해주어야 할 것이다.

경운기가 나오기 전 암소들이 논밭갈이나 마차 끌기 등 역용으로 이용되었을 때는 산차가 많은 암소나 나이가 많은 암소는 역용으로 이용된 기간이 길었던 만큼 이들 암소를 비육했을 때 고기가 질기다고 말할 수 있었다. 그러나 오늘의 암소는 새끼를 낳는 외에는 역용으로 이용되지 않으므로 암소가 비록 산차가 많더라도 비육 후 이들 암소의 육질등급은 이들의 유전형질에 따라 변이가 있을 것이며, 또한 이들은 송아지의 육질이 좋아 선발된 것이므로 육질이 나쁘게만 판정되지는 않을 것이다. 따라서 산차가 많은 암소 일수록 비육 후 육질등급이 낮게 나온다고 일률적으로 말할 수는 없다.

소의 육질등급은 유전과 비육방법에 많은 영향을 받는다. 따라서 산차가 많은 암소라도 비육 후의 육질등급은 비육방법과 그 암소의 유전능력에 따라 좋게도 나쁘게도 나올 것이다. 따라서 산차가 많은 암소를 비육하면 육질등급이 나쁘게 나와 손해를 볼 것이란 개념은 수정되어야 할 것이다.

이상의 5가지 이유를 들어 번식우는 다산으로 가야 한다고 주장하고 싶다.

37. 발정 관찰은 성행동을 기본으로

관찰에 의하여 발정을 발견한다는 것은 어딘지 모르게 어려운 기술인 것 같이 생각된다. 발정을 발견하기 위하여 세심하게 신경을 쓰지 않으면 소를 잘 기른다고 할 수 없다.

최근에는 외음부의 상태를 조사하여 발정을 발견하는 방법이 광범위하게 사용되고 있다. 또한 직장검사에 너무 의존하지 않는가 하는 생각도 들게 한다. 그러나 아주 자연스럽게 몸안에서 우러나오는 성행동을 통하여 발정을 발견하는 것을 소중히 해야 한다. 즉 소의 성행동을 통하여 발정을 발견하는 것을 기본으로 해야 한다는 것이다.

소가 발정이 오면 성행동을 보이는 것은 자연스러운 현상이다. 강한 발정이 올수록 성행동은 뚜렷하다. 따라서 성행동의 관찰은 단순히 발정발견과 인공수정을 위해서 뿐만 아니라, 소의 건강도를 확인한다는 면에서 중요하다. 성행동으로 발정을 발견할 수 있게 소를 건강히 기르는 것과 성행동을 관찰하기 쉬운 환경을 만드는 것이 무엇보다 중요하다.

1) 자연교미에서 배운다

인공수정이 보급되기 이전에는 암소가 발정이 오면 축주는 발정이 온 소를 마을내 종모우를 기르는 농가에 끓고 가서 소위 자연교미를 시켰다. 발정이 오는 소를 끓고 가는 동안 암소가 소리내어 울면 이 소리를 들은 수소는 흥분하여 암소가 오는 것을 애태워 기다리고 있었다는 이야기가 있다.

교미는 암소와 수소의 성행동이 정점에 도달하였을 때 이루어진다. 따라서 축주는 암소와 수소가 교미를 하도록 맞추어주는 역할을 하는 조정자에 불과했다.

실제 축주는 교미시 발정온 소의 엄숙한 성행동을 보면서 발정이 약하게 와 수정적기에 이르지 않은 소는 교미를 시킬 수 없고 교미를 해도 수태가 되지 않는다는 것을 알았다.

1960년 때부터 인공수정기술이 보급되었는데 당시의 농가와 인공수정사는 자연교미시 소에서 관찰한 성행동을 기본으로 발정을 발견하고 수정적기를 맞추었다.

2) 잊어져 가는 소의 성행동

요즘 인공수정사는 자연교미시의 성행동을 지식으로 알고 있으며, 진짜 자연교미를 본 사람은 그리 많지 않다. 농가도 자연교미를 보고 발정에 관한 지식을 습득한 사람은 거의 없다고 해도 과언이 아니다.

대신 인공수정사는 자연교미 시대에는 없었던 질경과 직장검사에 의하여 발정을 감정하는 기술을 가지고 있으며, 또한 농가는 동거하는 암소들끼리 따라다니고 올라타는 행동을 관찰하여 발정을 발견하는 기술을 습득하고 있다.

농가가 자연교미를 알지 못하는 상태에서 발정을 발견하는 기술이 향상되었다고는 하나 발정은 다양성을 가지고 있어 축주는 소의 성행동에 대한 이해와 인공수정사의 기술에 대한 이해가 부족하다고 할 수 있다. 따라서 발정한 소, 축주, 인공수정사의 삼각관계가 잘 조화되는 것이 중요하게 생각된다.

농가도 인공수정사도 한번쯤은 꼭 자연교미를 직접 보고 성행동과 교미적기에 대한 지식을 가지는 것이 바람직하다. 인공수정에 의한 수태율이 저하하면 자연교미에 대한 선호도가 높아지며 실제 자연교미를 시키는 농가가 늘어난다.

요즘 소는 옛날에 비하여 발정징후가 뚜렷하지 않다는 이야기를 자주 듣는데 그 이유는 번식우가 집단으로 사육되며 사양관리가 부적절한데 있다고 할 수 있다. 발정시 번식우가 뚜렷한 성행동을 보이도록 축주는 번식우의 사양관리에 만전을 기해야 한다.

38. 번우 연구소의 번식우 관리

본인은 2000년 8월 31일 서울대 농생대 축산학과 교수를 정년퇴임하고 천안시 성남면에 연구소를 만들어 한우를 기르고 있다. 2002년 3월 암송아지 6두, 5월 암송아지 10두를 각각 구입하여 현재 경산우 16두, 처녀 임신우 2두, 수정단계 육성우 2두 계 20두를 사육하고 있다. 2002년에 구입한 16두는 금년 3산 중이다.

소는 한우번식우 사료를 1일 1두 2.5kg, 파워 티엠알을 1일 1두 1kg, 짚을 1일 1두 2~3kg을 각각 급여한다. 1,000평의 알팔파 초지에서 연 4~5회 예취하여 청초나 건초로 급여하고 약 1,000평씩의 초지가 우사 주변에 3군데에 있어 4월 중순부터 10월 중순까지 윤환방목을 하고 있다.

번식우가 3산을 하고 보니 그간 나름대로 좋은 산 경험을 하였으며 기록을 차근차근 정리해 보니 재미있는 현상도 발견하게 되었다.

송아지 입식 후 소를 관리하기 위하여 소에 명호를 부여하고 이표를 부착하였다. 개체 번호는 11,- - - 38호로 나가며, 출생년도를 알 수 있도록 01-11. 01-12식으로 명호를 부여 하였다. 01-11호는 2001년에 출생한 11호란 뜻이다. 송아지는 02-11로 명호를 부여 하였다. 2002년에 태어난 어미 11호의 송아지란 뜻이다. 끝 번호를 어미의 번호와 같이 하므로 어느 어미의 새끼임을 알 수 있으며 어느 어미의 송아지가 좋은지 잘 비교가 된다.

연구소에서는 송아지가 태어나면 생후 1~2주 사이에 이표를 붙이고 제각한다. 현재 암소 20두 중 7두가 뿔이 있고 13두가 뿔이 없는데 뿔이 있는 소와 없는 소를 한 개방우사에 같이 사육하다보니 뿔 없는 소가 있는 소에 의해 피해를 본다. 특히 뿔이 없는 소가 먹이 경쟁에서 밀린다. 개방우사에는 소를 보정하는 스탄치온이 13개 있는데 소들이 사료를 먹을 때 자동적으로 스탄치온에 묶이면 뿔 없는 소는 묶인 채로 있게되나 뿔 있는 소는 뿔을 이용해서 스탄치온의 잠금 장치를 풀고 사료를 다 먹은 후에는 다른 소를 내밀고 사료를 갈취해 먹는다. 소의 관리차원에서 송아지가 태어나면 꼭 제각하는 것이 좋다.

암소 사양에서 가장 중요한 것은 송아지를 1년 1산하는 것이다. 송아지를 1년 1산 하려면 분만 후 빨리 발정이 와야 하고 1회 수정에 수태되도록 발정을 잘 발견하고 수정시기를 잘 맞추어야 한다. 그래서 본 연구소에서는 1 · 2산 우의 발정 후 발정이 온 일수, 1 수태당 수정횟수와 공태기간을 정리하였는데 표 1과 같다. 1산 우의 공태기간은 16두 평균 475일로 평균 생후 15.5개월에 임신이 되었음을 알 수 있다. 일반적으로 육성우 암소는 평균 14개월령에 인공수정하도록 되어있으므로 임신이 생후 15.5개월령에 되었다면 그리 나쁜 성적이라고 할 수 없다. 14개월령이면 427일이 되는데 16두 중 7두가 14개월령에 임신이 되었고 나머지 9두가 14개월령을 넘어 임신이 되었다.

1수태당 수정횟수를 보면 16두 중 11두가 1회 수정에 임신이 되었는데 나머지 5두가 2회 이상 인공수정에서 수태가 되었다. 특히 7회 수정에서 임신한 소가 2두 있다. 이 2두는 후에 알게 되었는데 정액이 불량하여 수태가 되지 않았다. 다른 종모우의 정액으로 수정하여 수태가 되었다.

1산 후 발정이 온 일수는 평균 44.8일로 생각보다는 분만 후 빨리 발정이 왔다. 아주 빠른 것은 분만 후 30일 전후에 발정이 왔으며 아주 늦은 것은 01-30과 같이 분만 후 95일에 발정이 온 것이 있다. 표 1의 비고에 PGF는 분만 후 40일이 넘어도 발정이 오지 않아 우테라이스($PGF_{2\alpha}$)를 25mg 근육주사하여 발정을 유기한 것이고 PGF, 2회는 $PGF_{2\alpha}$를 1회 주사하였을 때 발정이 오지 않아 11일 후에 $PGF_{2\alpha}$를 다시 주사한 것을 뜻한다. 01-30은 1산 후 95일에 늦게 발정이 왔는데 2산 후에도 102일로 늦게 발정이 왔다. 따라서 01-30은 분만 후 발정이 늦게 오는 소가 아닌가 생각된다.

2산우 16두의 평균 공태기간은 50일로 분만 후 평균 50일에 임신이 되었다는 것을 뜻한다. 16두 중 분만 후 50일 이전에 임신한 소가 8마리이고 나머지 8두가 분만 후 50일이 넘어 임신이 되었다. 01-30은 분만 후 95일에 01-12는 분만 후 110일에 임신이 되었다. 두 마리 모두 $PGF_{2\alpha}$를 주사하여 발정을 유도하여 임신하게 되었다.

2산우의 1수태당 수정횟수는 평균 1.2회로 수태율로는 84.2%로 매우 좋은 성적이다. 16두 중 14두가 1회 수정에 수태가 되었고 나머지 2두가 2~3회 수정에 수태가 되었다. 2산우의 분만 후 발정이 온 일수는 평균 52.4일로 분만 후 비교적 빠른 기간에 발정이 왔다. 분만 후 50일 이전에 발정이 온 것은 16두 중 9두이고 나머지 2두는 분만 후 50일 이후 발정이 왔고 분만 후 60일 이후에 온 것이 5두 있다. 1산후에는 분만 후 평균 44.8일에 발정이 왔는데 2산 후에는 발정이 52.4일에 와 산차가 많아질수록 분만 후 발정이 늦게 오는 것을 알 수 있다.

그러면 본 연구소는 번식우를 어떻게 관리하고 있나. 표 2 개체번식 기록부로 번식관리를 하고 있다. 이 표는 본인이 천안 축협에 보고하는 보고서이기도 하다. 1개월에 한 번 주로 25일에 이 표를 팩스로 보낸다. 명호 별로 수정일, 종모우 번호, 수정횟수, 분만예정일, 분만일, 산차, 송아지 성, 비고를 기록하도록 되어 있다. 이 표는 2005년 5월 25일까지의 기록이다. 이 표를 방에 붙여 놓고 변동사항이 생길 때마다 긋고 연필로 정정하여 적어 두었다가 25일이 되면 컴퓨터 타이핑 후 프린트하여 축협에 보낸다.

인공수정하여 3~4개월이 되면 직장검사를 하여 임신감정을 하고 임신이 확인되면 분만예정일을 기록한다. 분만이 되면 분만예정일을 지우고 분만일을 기록한다. 인공수정을 하면 종모우 번호를 보고 그 종모우의 생산형질의 유전능력을 확인한다. 인공수정은 천안 축협의 인공수정사에 의뢰한다. 인공수정사에게는 1등급 종모우로 생산형질의 유전능력이 우수한 정액으로 인공수정해 줄 것을 부탁한다. 수정횟수가 2회를 넘어가면 교배시기가 적절하였는지를 검토하고 다음 발정시에는 한 발정기에 2회 수정을 요청한다. 03-33의 경우에는 3번째 발정시 한 발정기에 2회 수정하여 임신되었다.

분만한 송아지는 어떻게 돌보는가. 표 3 소 분만 순서별 결과로 송아지를 관리한다. 본 연구소는 매일 일지를 쓴다. 송아지가 어미젖을 잘 먹는지, 설사를 하는지를 잘 관찰한다.

분만하기 1개월 전에 어미소에 로코백신을 주사하고 송아지가 분만하면 바로 로코백신 2병을 먹인다. 분만 후 송아지에게 바로 로코백신을 먹이기 위하여 송아지를 되도록 아침 6시에서 밤 12시 사이에 분만하도록 조사료는 오전에 농후사료는 오후에 먹인다. 표 3은 명호별로 분만 연월일, 후산정체, 분만 후 1, 2, 3, 4, 6, 8주, 이유일, 출하예정일, 실제 출하일, 성, 바코드를 기록하도록 되어 있다.

분만 연월일 아래에는 송아지가 낳은 시간을 기록한다. 16두 중 12두가 오전 6시에서 밤 12시 사이에 송아지를 낳았으며, 4두가 밤 12시에서 아침 6시 사이에 낳았다. 부득이한 경우에는 초유를 먹기 이전에 로코백신을 먹인다는 정신으로 로코백신을 먹인다. 송아지가 흰 설사를 하는 경우는 셀레니움, 티모솔, 디센탈을 주사한다. 3산을 하는 오늘에 이르기까지 설사로 송아지가 폐사한 일이 없다.

1주일에 한 번 애니가드 용액으로 초미립 전기 바이오 분무기를 사용하여 우사를 소독하고 적당한 간격으로 우사 바닥의 톱밥을 교체한다. 세균성 설사로 생각될 때는 배루베진 분말을 어린 송아지 사료 위에 뿌려 먹인다. 개방우사 끝에 송아지만 들어 갈 수 있는 방이 있는데 송아지는 그곳에서 송아지 사료, 티엠알 사료, 짚과 물을 자유로 먹고 쉬기도 한다.

분만 후 후산이 나오는지를 꼭 확인하고 후산이 나오지 않을 경우에는 축협 수의사의 왕진을 받아 양 자궁각에 보러스정을 각각 한 알씩 넣어주고 겐타마이신 주사를 준다. 17두 중 3두가 후산정체로 후산정체율이 높은 편이다. 농후사료 다급에 원인이 있는가 생각되어 농후사료 급여량을 줄였다. 분만 전 1개월에 셀레비트(비타민 E) 주사도 고려중이다.

분만 후 주가 지나가면 해당 주 날자 밑에 붉은 밑줄을 그어 분만한 송아지가 분만 후 몇 주째에 해당하는 가를 확인하면서 설사에 신경을 쓴다. 로코바이러스에 의한 설사는 분만 후 1~4주에 주로 발생한다. 이 기간의 관찰, 치료가 무엇보다 중요하다. 6주 8주는 요발정 관찰 기간이다. 6~8주가 지났는데도 발정이 안 오는 소는 우테라이스를 주사한다. 01-30과 같이 분만 후 발정이 늦게(90~100일) 오는 소는 서둘러 우테라이스를 주사할 필요가 없다. 느긋하게 기다렸다가 분만 후 70~80일 경에 우테라이스를 주사한다. 특별한 이상이 없는 한 영양이 좋고 적당히 운동을 하는 소는 분만 후 80일 안에 발정이 오게 되어 있다. 분만 후 80일 안에 발정이 와 임신이 되면 송아지 1년 1산이 가능하다. 분만 후 60일이 지났는데도 발정이 오지 않는 경우는 비칸톨-E와 같은 종합 비타민을 주사해 주면 효과를 기대할 수 있다. 분만하면 발정이 오기 전에 구충제를 먹인다. 구충을 하므로 영양을 개선시켜 발정이 오게 하는데 도움을 준다.

이유는 생후 75일을 기점으로 90일 이내에 실시한다. 이유하여 송아지를 격리시키면 송아지는 방을 뛰쳐나오려 하므로 뛰쳐나오지 못하도록 격리 전 준비에 만전을 기한다. 송아지는 생후 5~6개월에 판매한다. 이유 후 농후사료를 제한 급여하면서 양질의 조사료와 짚을 적절히 자유로 먹도록 하면 송아지는 제1위가 잘 발달하면서 잘 자란다.

송아지를 팔 때는 본인이 발행한 송아지 혈통증명서, 인공수정증명서와 한국종축개량협회 혈통증명서를 송아지를 산 사람에게 준다. 송아지에 대한 정보를 제공하는 동시에 송아지에 대한 신뢰를 갖도록 한다.

소가 송아지를 분만하면 표 4 개체분만 기록부에 수태 연월일, 분만 연월일, 임신기간, 송아지의 성, 송아지의 생시체중, 공태기간, 수정횟수와 비고를 산차에 따라 기록한다. 표 5는 01-34 암소의 분만기록이다. 이 기록을 보면 01-34호는 임신기간이 290일 전후로 길며 수송아지를 많이 낳으며 수태당 수정횟수가 3산 전부 1회로서 수태가 잘되는 소임을 알 수 있다. 분만기록을 산차별로 기록해 놓으므로 개체에 관한 번식, 수태 및 분만에 관한 정보를 얻어 다음 산차에 효율적으로 번식, 수태 및 분만 관리에 만전을 기할 수 있다. 표 아래 난에 산차별로 송아지와 어미에서 발생하는 질병과 행동에 관한 정보를 기록한다.

월별 분만두수를 연도별로 기록한 것이 표 5이다. 연 중 가장 송아지가 많이 분만하는 달은 5~8월이며, 특히 6~7월에 많이 분만한다. 2월과 12월에 분만하는 소는 인공수정시 문제가 있었던 소이다. 추운 겨울에 분만하는 송아지를 위해 열 전구가 있는 송아지 방을 준비해 놓았다. 이 송아지방을 이용하여 겨울에 낳은 송아지를 잘 길러 낼 수 있었다. 겨울에 나는 송아지

는 송아지 생산두수가 적은 5~6월에 팔게 되므로 약간 비싸게 팔 수 있는 이점이 있다.

표 6 발정예정일 조견 월력을 활용하면 재발정우를 발견하는 데 도움을 받을 수 있다. 표 6은 소의 발정주기 21일에 맞추어 21일 간격으로 만든 월력이다. 예로, 6월 7일 발정이 와서 인공 수정한 01-16은 재발정예정일이 바로 옆칸의 6월 28일이다. 6월 28일을 전후하여 01-16

표 1. 분말후 발정일수

순서	명 호	분만일	발정일	분만후 발정일수	산 차	1수태당 수정횟수	공태기간 (일)	비 고
1	01-36	03.06.10	03.08.17	68	1	1	405	PGF
2	01-33	03.06.12	03.08.17	39	1	1	422	
3	01-12	03.06.19	03.08.17	46	1	3	470	PGF
4	01-31	03.06.19	03.08.17	36	1	1	444	
5	01-15	03.06.22	03.08.17	43	1	1	423	
6	01-14	03.06.28	03.08.17	31	1	1	399	
7	01-16	03.06.29	03.08.17	30	1	1	393	
8	01-13	03.07.03	03.08.17	33	1	1	437	
9	01-37	03.07.05	03.08.17	31	1	1	378	
10	01-34	03.07.23	03.08.17	32	1	1	569	
11	01-38	03.07.28	03.08.17	49	1	1	518	PGF, 유산
12	01-35	03.08.01	03.08.17	28	1	1	424	
13	01-11	03.08.02	03.08.17	56	1	3	477	PGF
14	01-29	03.08.31	03.08.17	52	1	2	419	PGF, 2회
15	01-19	03.12.18	03.08.17	48	1	7	712	PGF, 2회
16	01-30	04.02.02	03.08.17	95	1	7	650	
평균				44.8		2.0	475	
1	01-33	04.05.03	04.06.20	48	2	1	33	
2	01-16	04.05.05	04.06.07	33	2	1	30	
3	01-14	04.05.05	04.06.09	35	2	1	30	
4	01-31	04.05.07	04.06.21	45	2	1	36	
5	01-15	04.05.13	04.06.12	30	2	1	53	
6	01-37	04.05.23	04.07.31	79	2	1	31	PGF, 2회
7	01-36	04.05.25	04.06.22	28	2	1	58	
8	01-113	04.05.29	04.07.14	46	2	2	55	PGF
9	01-34	04.06.06	04.08.16	71	2	1	31	
10	01-35	04.06.09	04.08.05	57	2	1	28	
11	01-38	04.07.02	04.08.23	52	1	1	49	
12	01-11	04.07.07	04.08.23	47	2	1	56	
13	01-12	04.07.14	04.10.02	63	2	3	110	PGF
14	01-29	04.08.10	04.10.20	71	2	1	52	PGF, 2회
15	01-19	04.12.09	05.01.11	33	2	1	58	Bustin, PG2
16	01-30	05.02.18	05.05.31	102	2	1	95	Bustin, PG4
평균				52.4		1.2	50	

이 발정이 오는지를 관찰하면 재발이 오는지를 쉽게 발견할 수 있다. 01-16이 8월 30일까지 재발하지 않았으므로 임신이라고 기록했다. 8월 27일 01-36의 ③은 01-36이 3번 재발이 왔다는 표시이다. 괄호 안에 /선은 날짜가 지나면 매일 긋는다. 여분으로 복사해 두었다가 4개월 1번 월력을 만들어 사용한다. 1년에 4장이면 된다.

이외에도 한우 사육용 재료의 가격표, 치료에 쓰이는 약의 용도, 용량 및 용법 표 등을 만들어 활용하고 있다. 한우를 기르는 가운데 발생하는 자료들을 기록하고 정리하는 일은 쉽지 않다. 허나 꼼꼼히 기록하고 정리해 두면 사양, 번식 및 분만관리에 유익하게 활용되어 경영의 합리화에 큰 도움이 된다.

표 2. 개체번식 기록부

명 호	바코드번호	수정일	정액번호	수정횟수	분만예정일	분만일	산차	송아지성	비 고
01-11	173547012	04.09.18	460	2	05.06.28		2	수	
01-12	173547029	04.12.10	487	3	05.09.20		2	수	
01-13	173547036	04.08.20	330	3		05.05.23	3	암	
01-14	173547043	04.08.21	330	4	05.05.31		2	암	
01-15	173547050	04.06.27	387	2		05.04.07	3	암	
01-16	173547067	05.05.03	487	1		05.03.31	3	수	
01-19	163283098	05.01.31	452	2			2	수	
01-29	163282222	04.10.20	383	1	05.07.30		2	수	
01-30	163282280	04.05.07	336	1		05.02.18	2	암	
01-31	163282264	05.05.13	480	1		05.04.05	3	수	
01-33	163282321	05.05.03	487	1		05.04.05	3	수	
01-34	163282363	04.08.16	330	1	05.05.26		2	수	
01-35	163282371	04.08.05	330	1		05.05.11	3	수	
01-36	163282404	04.10.13	383	4			2	암	
01-37	167624583	04.07.31	330	1		05.05.17	3	수	
01-38	167624569	04.08.24	330	1		05.05.17	3	수	
03-33	174238926	04.10.04	460	3	05.07.14				
03-37	174239343	04.10.08	460	1	05.07.18				
04-35	175809316	04.06.09							
04-36	175809141	04.05.25							

(번우가축생명과학연구소, 2005. 5. 25)

표 3. 소 분만 순서별 결과

분만순서	명 호	분만 년월일	후산 정체	분만후 1주	2주	3주	4주	6주	8주	이유후 75일령	5개월령 출하예정일	매수자 출하일	성	바코드
1	01−36	05.3.31 am0:40	−	4.7	4.14	4.21	4.28	5.12	5.26	6.14	8.31	안희찬 05.9.6	수	2574
2	01−33	05.4.5 pm2:50	−	4.12	4.19	4.26	5.3	5.17	5.31	6.19	9.5	〃	수	2576
3	01−31	05.4.5 pm4:00	−	4.12	4.19	4.26	5.3	5.17	5.31	6.19	9.5	〃	수	2575
4	01−15	05.4.7 pm4:20	+	4.14	4.21	4.28	5.5	5.19	6.2	6.21	9.7	〃	암	2577
5	01−35	05.5.11 pm9:00	+	5.18	5.25	6.1	6.8	6.22	7.6	7.25	10.11	임진수 10.18	수	2653
6	01−37	05.5.17 am5:00	−	5.24	5.31	6.7	6.14	6.28	7.12	7.31	10.17	〃	수	2654
7	01−13	05.5.23 pm4:00	−	5.30	6.6	6.13	6.20	7.4	7.18	8.6	10.23	자체 보유	암	2655
8	01−34	05.5.30 am6:50	−	6.6	6.13	6.20	6.27	7.11	7.25	8.13	10.30	임진수 05.11.9	수	2674
9	01−14	05.6.1 pm4:00	+	6.8	6.15	6.22	6.29	7.13	7.27	8.15	11.1	이금도 05.10.30	암	2676
10	01−38	05.6.2 pm9:00	−	6.9	6.16	6.23	6.30	7.14	7.28	8.16	11.2	〃	암	2675
11	01−11	05.6.29 am5:00	−	7.6	7.13	7.20	7.27	8.10	8.24	9.12	11.29	안희찬 05.12.2	수	2694
12	01−37	05.7.9 am9:30	−	7.16	7.23	7.30	8.6	8.20	9.3	9.22	12.9	이순국 06.1.13	수	2692
13	01−33	05.7.26 am6:00	−	8.2	8.9	8.16	8.23	9.6	9.20	10.9	12.26	〃	암	2693
14	01−36	05.7.28 pm3:00	−	8.4	8.11	8.18	8.25	9.8	9.22	10.11	12.28	〃	암	2719
15	01−29	05.7.31 pm1:00	−	8.7	8.14	8.21	8.28	9.11	9.25	10.14	12.31	안희찬 05.12.28	수	2720
16	01−12	05.9.24 pm3:00	−	10.1	10.8	10.15	10.22	11.5	11.19	12.8	2.24		암	2742
17	01−19	05.11.19 am5:00	−	11.26	12.3	12.10	12.17	12.31	12.14	2.9	4.26		암	2561
18														
19														

(번우가축생명과학연구소, 2005. 5. 25)

표 4. 개체분만 기록부

명호 : 01-34	생년월일 : 01.8.26		부 : 243	모 : 7425		산지 : 가야목장		
산차	수태년월일	분만년월일	임신기간	성	생시체중	공태기간	수정횟수	분 만
1	02.10.07	03.07.23	291	수	25	569	1	pm3:30
2	03.08.23	04.06.06	289	수	–	31	1	am5:40
3	04.08.16	04.05.30	289	수	–	71	1	am6:50
4								
5								
6								
7								
8								
9								
10								
송아지와 어미에게 발생하는 질병과 행동	1산	① 좀처럼 송아지 옆을 떠나지 않고 젖을 잘 먹인다 ② 8/15 분만후 23일 건초를 먹고 있음 ③ 9/7 비칸툴 주사 ④ 9/8 눈에 약 뿌림 ⑤ 9/10 지모솔, 비칸톨–E 주사–송아지가 활력이 없고 약해서						
	2산	① 송아지가 건강하고 젖을 잘 먹음 6/6 셀레비트 주사 ② 7/10 디센탈, 셀레비트 주사 ③ 8/9, 11 디센탈, 셀레비트 주사 ④ 9/26, 27 디센탈, 비칸톨–E 주사 ⑤ 8/29, 30 디센탈 주사						
	3산	송아지가 작음						

※ 유방용적이 크고, 유정맥이 발달됨 (분만후 1개월간 관찰)

표 5. 연도 · 월별 분만두수 기록부

연도	1월	2월	3월	4월	5월	6월	7월	8월	9월	10월	11월	12월	계
2003		1				7	4	3				1	16
2004		1			8	2	3	1				1	16
2005		1	1	3	4	3	4		1		1		18
2006													
2007													
2008													
2009													
2010													
2011													
2012													
계		3	1	3	12	12	11	4	1		1	2	50

표 6. 소 발정예정일 조견 월력

5월		6월		6월		7월		8월		8월	
16		6		27	01-15 ② 임신	18		8		29	
17		7	01-16 ① 임신	28		19		9		30	
18		8		29		20		10		31	
19		9	01-14 ① 재발	30		21		11		9/1	
20		10		7/1		22		12		2	
21		11		2		23		13		3	
22		12	01-15 ① 재발	3		24		14		4	
23		13		4		25		15		5	
24		14		5		26		16	01-34 ① 임신	6	
25		15		6		27		17		7	
26		16	03-33 발정	7		28		18		8	
27		17		8	03-33 ① 재발	29		19		9	
28		18		9		30	03-33 재발 01-14 ②재발	20	01-13 ③ 임신	10	
29		19		10		31	01-13 ②재발 01-31 ①임신	21	01-14 ③임신 03-33 ②재발	11	
30		20	01-33 ① 임신	11		8/1		22		12	
31		21	01-31 ① 임신	12		2		23	01-11 ①재발 01-38 ①임신	13	
1		22	01-36 ① 재발	13	01-13 ① 재발	3		24		14	
2		23		14		4		25		15	
3		24		15		5	01-35 ① 임신	26		16	
4		25		16		6	01-36 ② 재발	27	01-36 ③ 재발	17	
5		26		17		7		28		18	01-11 ② 임신
6월		6월		7월		8월		8월		9월	

한 우

100문 100답

(육종 · 번식 · 사양 · 비육 · 질병)

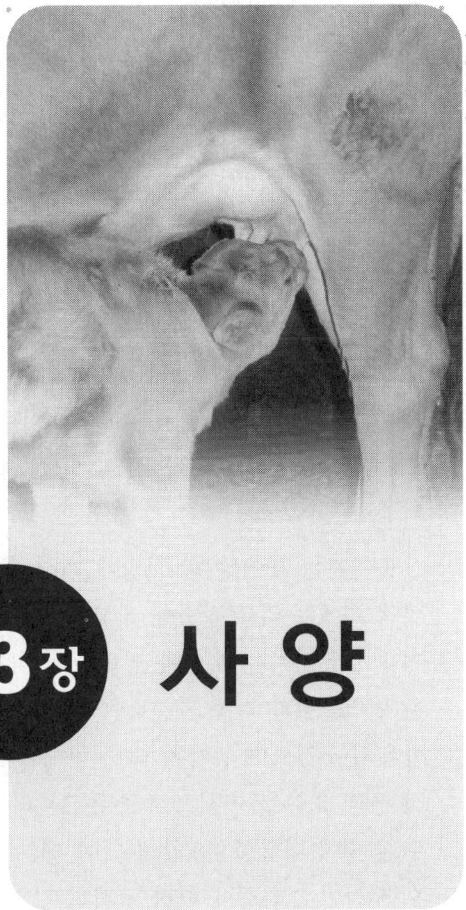

제 3 장 사 양

제 3 장 사양

39. 송아지에게 꼭 초유를 빨리 먹여야 하는 이유는

송아지는 태어날 때 질병에 대한 저항성을 가지고 태어나지 않는다. 즉 갓 태어난 송아지의 혈액 속에는 외부 질병에 대항하는 면역물질이 거의 없다. 초유는 어미소가 송아지를 낳고 2일 이내에 분비하는 우유를 말하는데 이 초유에는 송아지가 꼭 필요로하는 IgG, IgA. IgM과 같은 면역물질과 각종 영양소인 단백질은 일반우유의 5배, 지방 및 무기물질은 2배, 철분은 10배 함유되어 있으며 송아지 태분의 배설을 촉진시키는 물질이 들어있다. 송아지는 태어난 후 가급적 빨리 초유를 마시므로 초유로부터 초유속에 들어있는 면역물질과 영양물질을 흡수하여 외부 질병에 대항할 수 있게 되며 태분을 잘 배출하게 된다. 초유 속의 면역물질은 어미가 분만 후 시간이 경과함에 따라 급격히 감소하여 분만 후 이틀이 지나면 거의 없어지며, 또한 송아지의 면역물질의 흡수능력은 분만 후 2시간에 24%로 최고 수준을 유지하다가 6시간에는 22%, 10시간에는 19%, 14시간에는 17%, 20시간에는 2%로 지속적으로 감소하므로 신속히 초유를 빨게 하는 것은 매우 중요하다. 송아지 혈액 중의 면역글로블린의 농도는 분만 후 초유를 마시는 시간이 빠를수록 높다. 어린 송아지를 건강하게 키우기 위해서는 분만 후 가급적 빠른 시간 내에 초유를 충분히 마시도록 해주어야 한다.

40. 송아지가 어미젖을 잘 빨게 하는 요령

"송아지에게 꼭 초유를 빨리 먹여야 하는 이유(39)"의 항에서 설명한 것과 같이 송아지의 초유의 면역물질의 흡수능력은 분만 후 시간이 경과함에 따라 감소하므로 송아지는 분만 후 가급적 빨리 초유를 먹도록 하여야 한다. 송아지가 어미젖을 빨리 먹으려면 송아지는 분만 후 빨리 일어나서 걸을 수 있어야 하는데 송아지가 분만 후 일어나는 시간은 송아지에 따라 변이가 심하다.

태어나는 송아지의 발톱을 잘 관찰하면 "신생 송아지의 발굽을 까주는 방법(42)"에서 언급한 것 같이 젤라틴과 같은 두꺼운 하얀 막으로 둘러 싸여 있다. 이 막은 둥글게 되어있어 분만 후 송아지가 일어난다 하더라도 중심을 잡기 힘들게 한다. 따라서 송아지가 일어나 중심을 잡게 하려면 분만 후 바로 이 막을 벗겨주는 것이 좋다.

분만 후 어미소와 송아지를 면밀히 관찰해보면 송아지는 분만 후 어느 정도 시간(10~30분)이 지나면 스스로 일어나려고 노력하는 가운데 일어서며 일어서서는 중심을 잡아 바르게 서려고 애쓰며 몇 번 넘어졌다 일어서곤 하다가 서서 걷게 된다. 한편 송아지를 잘 돌보는 어미는 분만 후 송아지를 핥아 양수를 완전히 제거한 후 주둥이로 송아지를 밀쳐 일어나도록 유도하고 일단 일어나면 넘어지지 않도록 머리로 바쳐주는 것을 반복하여 송아지가 일어서도록 한다. 분만 후 송아지가 일어서기까지는 송아지에 따라 다르나 빠르면 30분 대개는 1~3시간이 소요된다.

일단 일어나서 걸을 수 있게 되면 송아지는 어미에게 다가가서 젖을 찾기 시작한다. 대개는 어미의 머리부터 시작하여 허리를 지나 뒷다리 쪽으로가 헤매다가 코끝으로 젖꼭지를 찾아 빨게 된다. 현명한 어미는 머리로 송아지를 유방 쪽으로 밀어붙이거나 어미가 자신의 몸을 움직여 송아지가 유방을 쉽게 찾도록 유도한다.

이렇게 송아지가 스스로 유방의 젖꼭지를 찾아 빨거나 어미가 젖을 찾도록 하여 젖을 먹도록 하면 좋겠지만 송아지가 젖을 찾지 못하거나 송아지가 젖꼭지를 찾아 젖을 빨아도 어미가 수유를 거부하거나 심한 것은 송아지를 뒷발로 차거나 머리로 받아 포유하지 못하게 하는 경우가 있다. 특히 초산우에 이런 경우가 많다.

그림 1. 송아지를 잘 돌보는 어미소(번우연구소, 03.8.15)

이런 경우는 먼저 어미소의 머리에 밧줄을 걸어 적당한 곳에 고정하고 송아지를 유방쪽으로 유도해 준다. 유방이 불어 아파서 싫어하는 경우가 있다. 송아지가 빨기 시작하면 젖이 줄어들면서 아픔이 적어져 어미가 안정을 찾아 젖을 먹이게 된다. 송아지가 젖꼭지를 못 찾거나 빨지 못할 때는 사람이 송아지의 머리와 목을 끓어 당겨 젖꼭지에 대주면 젖을 빨게 된다. 뒷발을 차며 먹이지 않는 경우는 뒷다리의 비절 부위를 묶어 고정하여 젖을 먹일 수 있으나 소가 싫어하므로 되도록 묶지 말고 다스려 먹이도록 하는 것이 좋다.

어미소에 따라 송아지를 아끼고 젖을 잘 먹이는 소가 있는가 하면 송아지에 관심이 없고 먹이는 등 마는 등 하는 소가 있다. 관리자는 송아지가 젖을 자주 빨아먹는지 관찰을 하였다가 잘 먹이지 않으면 사료를 줄 때 어미를 고정하여 송아지가 젖을 먹도록 신경을 써야 한다. 젖을 잘 얻어먹지 못하는 송아지는 때로 다른 소의 젖을 먹도록 하는 방법도 있다.

41. 갓 태어난 송아지는 어떻게 돌보아야 하나

번식우 양축가는 송아지를 생산하기 위하여 소를 기르므로 송아지가 태어나는 날이 무엇보다 중요한 의미를 갖는다. 송아지는 어미 배속에서 285일(9개월 반)의 긴 임신기간을 거쳐 마침내 출생하는 것이므로 분만 일은 285일만의 결실을 보는 날이다. 송아지가 출생하여 사느냐 죽느냐 하는 것은 바로 송아지가 태어날 때에 관리에 전적으로 달려있다. 더욱이 요즘 같이 송아지 값이 대단히 비쌀 때는 송아지가 건강히 자라도록 태어날 때 각별히 잘 보살펴주어야 한다.

1) 분만 전 준비

송아지는 분만실에서 분만케 하는 것이 가장 바람직하다. 분만실은 3평 내외가 바림직하다. 분만예정일이 가까워 오면 분만실을 깨끗이 청소하고 바닥을 건조하게 한 후 소독을 한다. 그리고 깨끗한 짚을 충분히 깔아준다.

분만실이 없어 우방에서 분만하는 경우도 우방 내 분만할 곳을 깨끗이 하고 짚을 충분히 깔아주는 것이 좋다.

탯줄을 자르고 소독할 때 쓰기 위해 해부가위와 솜, 실 그리고 강옥도를 미리 준비해 둔다. 또한 송아지를 닦을 깨끗한 마른 수건도 준비해 둔다. 송아지 설사 백신도 미리 준비한다.

분만 증후가 보이면 어미소를 분만실에 수용한다. 미리 넣으면 어미소의 분뇨로 분만실이 오염된다.

2) 분만시의 관리

(1) 어미소를 중심으로

분만하기 전에 어미소의 유방과 유두를 세척하고 베타딘 용액으로 소독한다. 송아지가 태어나면 어미소는 송아지의 몸을 핥아 체 표면을 말리나 때로는 핥아주지 않는 어미소가 있다. 이런 때는 미리 준비한 마른 수건으로 송아지를 닦아준다. 체 표면을 마사지 해주면 혈액순환이 촉진되어 체온을 유지하는 데 도움이 된다. 송아지는 배속에 따뜻한 곳에 있다가 몸 밖으로 나오면 온도 충격을 받으므로 이 충격을 줄이기 위해서도 분만 후 체 표면을 속히 말려주어야 한다.

분만한 어미소는 목이 타있으므로 바로 더운물을 충분히 먹여야 한다. 이것은 태아를 만출하여 푹 꺼진 배를 부르게 하여 복압을 회복케 해주어 기운을 차리게 해주려는 것이다.

초산의 경우 20~40%의 어미소가 자기 송아지를 돌보지 않고 송아지가 젖을 먹으러 다가오면 발로 차거나 뿔로 받으려 한다. 이럴 때는 어미소를 보정하고 발로 못 차게 하여 송아지가 젖을 빨도록 해주어야 한다.

(2) 송아지를 중심으로

송아지가 나올 때 태막을 머리에 뒤집어쓰고 나오는 경우 호흡이 곤란하게 되므로 바로 태막을 제거해 주어야 한다. 이때 입과 코 구멍에 들어 있는 양수도 제거해 주어야 한다.

송아지가 호흡을 하지 않고 가사상태에 있으면 코 구멍을 자극하여 재채기를 하게 하거나 1분 이상 입김을 불어넣거나 20초간 가슴을 압박했다 풀어주는 것을 반복하여 호흡을 하도록 한다. 그럼에도 불구하고 호흡을 하지 않으면 송아지를 거꾸로 들어 흔들거나 찬물을 끼얹어 호흡을 하게 한다.

탯줄에 들어 있는 피를 아래로 훑어내고 배꼽을 실로 맨 후 배꼽에서 약 6~7cm 부위를 자르고 강옥도로 소독한다.

정상분만 후 30분 내지 1시간이 되면 송아지는 스스로 일어난다. 이때 설사 백신 2병을 경구투여 한다. 송아지는 분만 후 1시간 이내에 일어나서 초유를 빨아먹는다. 1시간이 지나도록 일어서지 못하는 허약한 송아지는 일으켜서 어미 젖꼭지에 입을 대서 젖을 빨아 먹도록 한다. 그래도 젖을 못 빠는 송아지에게는 초유를 짜서라도 먹여야 한다.

3) 분만 후의 관리

분만 후 약 4~6시간이 경과하면 태반이 나온다. 태반이 나오면 소는 본능적으로 태반을 먹어 치우려하므로 먹지 않도록 태반을 제거하여 땅에 묻도록 한다. 어미가 태반을 먹으면 기도가 폐쇄되거나 제1위에 식체 될 위험성이 있으며 때로는 고창증을 유발하므로 반드시 제거해 주는 것이 좋다. 태수와 태액으로 젖은 깔 짚은 제거하고 새 짚으로 갈아준다.

분만 후 12시간이 지나도록 태반이 배출되지 않으면 태반정체(후산정체)가 생긴 것이므로 수의사의 도움을 받아야 한다.

42. 신생 송아지의 발굽을 까주는 방법

출생한 신생 송아지의 발굽은 두꺼운 하얀 막으로 둘러 싸여있다. 이 막은 발바닥을 둥글게 하여 신생송아지가 일어나 서는데 불편을 주므로 출생 후 바로 벗겨주는 것이 송아지가 서서 활동하는 데 도움을 준다.

발굽을 벗긴다는 것보다 까준다고 생각하면 된다. 갓 태어난 송아지의 발굽을 보면 두꺼운 막이 둥그렇게 발굽의 밑 부분을 싸고 있으며, 발굽 위 부분의 실질과 명확히 구분되어 있다. 그 부분은 말랑말랑하므로 실질과 발바닥의 하얀 막이 시작되는 경계를 엄지손가락으로 강하게 누르면서 바깥쪽으로 제켜주면 간단히 까진다. 이 때 떨어지지 않은 부분은 손톱으로 밀면 잘 떨어진다. 간혹 피가 나는 경우가 있는데 이때는 강옥도를 발라준다. 물론 네 발을 다해주어야 한다.

43. 송아지의 제각은 왜 해야 하며 제각시기와 방법은

1) 제각의 필요성

일반적으로 한우는 제각을 하지 않는 것이 관례로 되어 왔다. 그러나 여러 마리를 같이 기를 때는 제각을 하여 기를 필요가 있다. 제각을 하면 소가 온순해지며, 우군 내에서 소들 간에 강약의 관계가 적어지며 뿔에 의한 상처나 유산 등의 사고발생이 없어진다. 또한 사료채식시의 경합도 적어지며, 노약자의 소 다루기가 쉬워진다. 뿔이 있는 소는 주위의 기물을 파손시켜 관리가 어렵다.

2) 제각의 시기와 방법

생후 7～10일 이내에 제각하는 것이 가장 바람직하다. 이때는 뿔이 돋아나는 부위인 각근이 작고 연해서 제각이 쉬우며 송아지의 고통이 적고 보정이 쉽다. 제각은 지지는 인두와 제각연고(디호닝 페이스트)를 이용하는 방법이 있다.

(1) 제각연고법

뿔이 날 자리의 털을 가위로 깍아내고 그 자리에 고무장갑을 낀 모지에 제각연고를 묻혀 100원 짜리 동전크기로 바르고 제각연고가 흡수될 때가지 송아지를 격리시킨 후 어미에게 되돌린다. 제각연고가 흡수되지 않았을 때 어미소가 핥게 되면 약효가 제대로 나타나지 않아 비정상적인 형태의 뿔이 나오기도 하므로 농가 보급용 제각 모자를 머리에 착용하거나 12시간 이상 격리하는 것이 바람직하다.

(2) 인두로 지지는 법

먼저 송아지를 넘어뜨려 발버둥치지 못하게 한 후 몸과 머리를 고정한다. 시판되는 전기인두의 구리 봉을 빼서 바꾸어 끼워 뭉툭한 부분을 밖으로 하여 사용하면 훌륭한 제각용 인두로 쓸 수 있다. 뿔이 나올 부분의 털을 바짝 깎는다. 잘 달군 인두로 제각 부위를 10~20초 간격으로 지진다. 50원 짜리 동전 정도의 넓이로 지지면 지혈이 되면서 뿌리의 성장 조직이 완전히 파괴되어 뿔이 나오지 않게 된다. 들 지지거나 지지는 위치가 틀려지면 후에 보기 싫은 뿔이 나오게 된다. 지진 부위에 옥도액을 발라 소독을 한다. 제각 후 매일 관찰하여 화농징조가 보이면 과산화수소로 소독을 하고 옥도액을 발라주어 화농이 생기지 않도록 한다.

44. 송아지만 따로 들어가 사료와 물을 먹을 수 있는 시설의 필요성

한우는 송아지를 출생 직후부터 어미소에 붙여 자연포유를 시킨다. 따라서 어미소의 비유량이 송아지의 발육에 크게 영향한다. 일반적으로 한우의 비유량은 분만 후 2~3주에 최고에 달하며, 그 후 일수가 경과함에 따라 감소한다. 그러나 송아지는 분만 후 날자가 경과함에 따라 커지므로 하루에 필요로 하는 영양분도 자연히 커진다. 즉 어미젖만으로는 송아지의 발육에 필요한 영양분을 공급할 수 없게 된다. 따라서 분만 후 1~2개월이 되면 모유 이외의 양질의 사료를 급여하지 않으면 안 된다. 이 시기에 송아지에게 양질의 사료를 급여해 주기 위하여 송아지만이 따로 사료, 건초와 물을 먹을 수 있는 장소와 시설이 필요하다. 이 시설은 송아지만이 들어가 먹는다 라고 하여 크리-프 휘딩(creep feeding)이라 한다.

한우번식 양축가들은 일반적으로 한 우방에 3~4두의 어미소를 같이 기르고 있다. 이 우방에서 어미와 송아지를 같이 기르면서 크리-프 휘딩을 시키려면 매 우방마다 송아지만 들어가서 사료와 물을 먹는 시설을 하여야 한다. 이것은 매우 어려운 일이어서 다두 사육목장에서는 좌우 우방을 사이에 두고 가운데 약 1m의 통로를 설치하여 우방 중 한 군데에 송아지만이 사

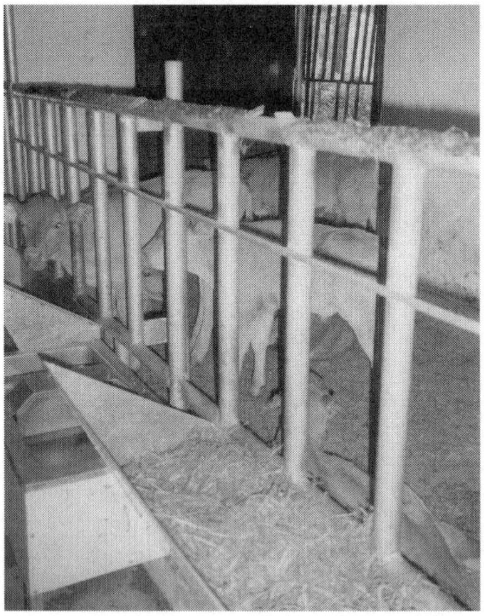

그림 1. 송아지만 들어가 사료, 건초와 물을 먹을 수 있는 우사

료와 물을 먹을 수 있는 우방을 만들어 중간 통로를 통하여 송아지가 그곳에 가서 먹고 쉬도록 배려하고 있다.

송아지는 생후 2주가 되면 반추를 하게 되며, 3주가 되면 어미의 사료를 조금씩 먹는다. 이때 송아지가 어미의 사료와 조사료와 물을 먹게 되면 송아지는 반추와 영양생리 그리고 위생적인 측면에서 좋지 않다. 어미의 유량이 감소하면 송아지는 점차적으로 식욕이 왕성해지며, 2개월령이 되면 본격적으로 사료를 먹게 된다. 이 시기가 되면 어미소의 유량은 송아지의 발육에 필요한 양분의 80% 밖에 공급하지 못하므로 별도의 사양을 하지 않으면 송아지의 발육은 자연히 늦어진다. 위의 발달을 촉진하고 사료의 이용성이 높은 소를 육성하기 위하여 일찍부터 양질의 건초와 농후사료를 줄 필요가 있다.

송아지는 생 후 3주령 까지는 제4위가 70%, 제1위가 30%로 반추위인 제1위가 발달되어 있지 않으나, 생후 3주령에서 12주령이 되면 제1위가 60%, 제4위가 27%로 제1위가 많이 발달하며, 생후 12주령 이후에는 제1위가 85%, 제4위가 7%로 제1위가 잘 발달하여 반추동물로서 생활을 할 수 있게 된다.

요즘 송아지의 사양 프로그램에서는 분만 후 1주일까지는 초유를 먹이고 생후 1주부터 이유시까지는 모유를 먹이면서 어린 송아지 사료와 양질의 건초를 자유로 먹게 하고 있다.

모유만 먹은 송아지의 위의 발달은 아주 나빠서 위의 용적은 농후사료와 건초를 먹인 송아지의 반 정도였고, 또한 위 점막의 조직적 기능적 발달도 늦어졌다.

송아지는 집단으로 행동하는 습성을 가지고 있어 한 마리라도 나이가 든 송아지가 별도의 사육시설을 이용하면 나중에 태어난 송아지도 이어서 별도의 사육시설을 이용한다.

송아지는 젖만으로는 수분이 부족하다. 따라서 별도의 시설에는 급수기를 설치하여 자유로 물을 먹도록 해주어야 한다. 별도의 시설을 마련하여 사료를 준비해 놓아도 송아지는 익숙해지기까지는 여간해서 사료를 먹지 않는다. 그때는 송아지의 입을 벌려 사료를 먹어보게 하는 것을 2~3일간 반복하면 맛을 알아서 사료를 먹게 된다.

송아지에게 크리-프 휘딩을 하여 농후사료와 양질의 조사료를 충분히 급여하면 ① 반추위의 발달을 촉진시키고, ② 골격을 신장시키며, ③ 기초체형을 형성시키며, ④ 타액 생산량을 증가시켜 소화를 증진하는 효과를 가져온다. 크리-프 휘딩을 잘 활용하면 체형이 좋은 장래성이 있는 송아지를 길러낼 수 있다.

45. 어떻게 하면 송아지를 잘 이유시킬 수 있는지

송아지를 이유하는데 있어서 성공의 3가지 비결은 첫째 포유기간 중에 송아지의 성장이 좋아야 하고 제1위의 발달이 충분해야 하며, 둘째는 어미소가 분만 후 빠른 시일 내에 임신하여 번식률이 높아야 하며, 셋째는 송아지의 관리가 일괄적으로 이루어 질 수 있어야 한다는 것이다.

이 3가지 비결에 영향하는 2개의 요인으로 첫째 송아지의 포유기간, 즉 이유시기와, 둘째 포유기간 중의 송아지의 사양관리를 들 수 있다.

이유시기는 한우 농가의 어미소와 송아지의 사육 여건에 따라 상당한 차이를 보이고 있는데 일반적으로 생후 90일 전후이며 빨리는 75일부터 늦게는 4~5개월까지로 그 범위가 넓다. 다두사육 목장에서는 무리 단위로 일괄적으로 이유를 하게 되므로 그 무리 중에는 생후 75~90일의 범위를 가지고 이유하게 된다. 소규모 목장에서는 송아지의 건강과 성장을 고려한 차원에서 생후 4~5개월에 이유를 선호하는 경향이 있다.

중요한 것은 이유시점에서 송아지의 성장과 제1위의 발달이 충분히 이루어져 이유 후에 송아지가 스스로 건강하게 자랄 수 있는가 하는 것이다. 이유시는 체중을 측정하여 송아지가 충분히 성장했는지를 살펴볼 필요가 있다. 생후 75~90일에 이유 했을 때 이유시 체중은 암송아지의 경우 60~70kg, 수송아지의 경우 70~75kg이 되는 것이 바람직하다는 것이 농가들의 이야기이다. 송아지 이유시 체중은 어미소의 포유 능력과 포유 중의 사양관리에 영향을 받으므로 이유시기는 어미소의 포유능력과 포유 중의 사양관리에 좌우된다. 송아지의 성장은 송아지의 아비에 의하여 영향을 받으므로 아비의 선택 또한 고려하여야 할 중요한 사항이다.

어미소의 포유기간이 길어지면 어미소는 야위게 된다. 야윈 소는 번식을 뒤로 밀어 분만 후 발정이 올 시기에 발정이 오지 않거나 늦게 발정이 온다. 야윈 소가 발정이 오려면 어느 정도 체중이 회복되어야 하며, 발정이 온다고 하더라도 수태율이 떨어지는 경우가 많다. 따라서 이유는 가능하면 어미소가 포유기간 중 마르지 않는 시기에 실시하는 것이 바람직하다. 어미소가 분만 후 60~90일 이내 임신하고 어미소의 번식에 공용하는 기간을 연장하기 위해서도 어미소가 포유기간 중 너무 마르지 않도록 이유시기를 정하는 것이 중요하다.

송아지는 생후 1주만 되면 고형질 사료를 먹기 시작한다. 따라서 사료와 양질의 건초를 언제나 자유로 먹을 수 있도록 시설을 마련하는 것이 필요하다.

갓 태어난 송아지는 제1위가 적어 소화기는 단위동물에 준하는 기능을 하고 있다가 고형질 사료를 먹게 되면 제1위의 발달이 급속도로 진행이 되어 반추동물로서 소화생리기능을 하게 된다. 특히 양질의 건초는 어린 송아지의 제1위의 발달과 용적을 늘리는 데 크게 작용하므로 늘 자유롭게 먹도록 해주는 것이 바람직하다. 소의 연령별 각 위의 상대크기는 표 1과 같이 출생 직후의 제1·2위는 위 전체용적에 38%에 불과하나 이유시기인 3개월령에는 64%, 성우는 85%로 제1·2위의 상대크기가 출생 직후보다 3 개월령에 배로 커지는 것을 알 수 있다. 이유하기까지 송아지의 제1위를 충분히 발달시켜 줌으로 송아지는 이유 후 반추가축으로 살아갈 수 있는 능력을 얻게 된다.

이유일이 결정되면 송아지를 어미로부터 분리하여 다른 방에 수용한다. 분리하면 어미와 송아지는 서로 부르며 방을 뛰쳐나와 함께 하려고 하므로 절대 나오지 못하도록 주의해야 한다.

표 1. 소위의 생후 상대적 크기(위 전체에 대한 %)

생후 연령	제1·2위	제3위	제4위
0	38	13	49
3개월	64	14	22
성우	85	12	4

(Church, 1969)

송아지를 분리 후 어미를 방목하면 어미가 목책에서 나와 사고의 원인이 되므로 일시 방목을 중지하는 것이 바람직하다. 송아지를 뗀 어미소는 유방이 팽대하여 딱딱하게 되나 유방염의 걱정은 없다. 송아지와 어미가 서로 부르는 것을 그만두고 팽팽했던 유방이 부드러워지면 이유의 과정이 끝났다고 할 수 있다. 이렇게 되려면 7~10일이 소요된다.

46. 송아지의 건강은 어떻게 진단하나

송아지를 건강하게 잘 기르려면 축주는 요령있게 송아지를 관찰하여 건강상태를 파악해 야 한다. 송아지는 다음과 같은 요령으로 건강 유무를 파악한다.

1) 귀

귀는 송아지의 건강상태를 가장 잘 표현해 준다. 건강한 송아지는 귀를 기민하게 잘 움직인다. 건강하지 못한 송아지는 한쪽 혹은 양쪽 귀를 늘어뜨리고 있으며 외부 자극에 반응이 둔감하다.

2) 눈

송아지의 건강상태는 먼저 눈동자에 의하여 어느 정도 판단할 수 있다. 건강한 송아지는 눈동자가 맑고 광채가 있으며 눈동자를 좌우로 활발히 움직이고 눈을 자주 깜박이며 눈곱과 눈물이 없이 상쾌하게 보인다.

3) 코

건강한 송아지는 비경에 적당한 습기가 있으며 코 구멍에서 콧물이 나오지 않는다. 이상이 있는 송아지는 비경이 건조하거나 코 구멍에서 콧물이 많이 흐른다. 송아지가 열이 있는 경우 비경이 건조할 수 있으며 호흡기 계통에 이상이 있을 때는 콧물이 나온다.

4) 식 욕

식욕은 건강상태의 확실한 지침이다. 병에 걸리면 식욕이 떨어진다. 평소 사료를 잘 먹던 송아지가 사료를 덜먹기 시작하면 건강에 이상이 있다고 보아야 할 것이다. 사료를 주었을 때 바로 사료조에 다가와 왕성한 식욕으로 사료를 먹는 송아지는 건강하다. 사료를 제한급여시 열심히 잘 먹는지 남기는지를 확인할 필요가 있다. 여러 마리를 같이 먹일 때는 먹는 상태를 개체별로 관찰해야 한다.

5) 젖을 빨 때의 행동

생후 1개월까지는 송아지가 젖을 빠는지를 확인해야 한다. 젖을 빨 때는 대부분의 송아지가 꼬리를 흔들면서 젖을 먹는다. 꼬리를 흔드는 것은 송아지가 즐겁게 젖을 먹고 있다는 표시이다. 송아지가 젖을 빠는 기간은 대략 10분 내외이다. 젖을 빨기 시작하여 몇 분간 빠는지를 조사하면 송아지가 젖을 잘 빨아먹고 있는지를 확인할 수 있다.

6) 똥

송아지의 병은 거의 설사이다. 따라서 송아지가 태어나면 항상 송아지 방이나 운동장에 배설된 똥을 관찰하는 습관을 가져야 한다. 건강한 송아지의 똥은 냄새가 없으나 설사 똥은 악취가 있고 점액이나 혈액이 섞여 있는 경우가 많다.

또한 송아지의 엉덩이나 꼬리 부분을 주의깊게 관찰해야 한다. 만일 지저분하면 그 송아지는 설사를 하고 있는 것이다. 다두사육하는 경우는 어느 송아지가 설사를 하고 있는지 알 필요가 있는데 익숙하지 않으면 구분하기가 어렵다. 송아지의 똥이 황백색 또는 백색일 때는 주의를 기우려 바로 치료해야 한다.

7) 체 온

송아지의 체온은 38.5～39.5℃이다. 전염병, 폐렴, 위장병 등이 있을 때는 40℃ 이상으로 열이 올라갈 때가 많다. 체온이 39.5℃ 이상 올라가 있으면 건강에 이상이 있다고 할 수 있다. 체온은 아침에 낮고 저녁에 높은 경향이 있으므로 아침저녁으로 2회 측정할 필요가 있다. 체온을 측정하여 이상이 있을 때는 바로 수의사에게 진단을 받아보는 것이 좋다.

8) 머리의 위치

서 있을 때와 자고 있을 때 머리의 위치도 송아지의 건강상태를 나타낸다. 건강한 송아지는 머리를 올리고 똑바로 서있는 것이 보통이다. 머리를 숙이고 등을 동그랗게 하고 있는 송아지는 건강상태가 좋지 못한 표시이다. 또한 머리를 내던지거나 등에 실은 것처럼 자고 있는 송아지는 건강상태가 좋지 못한 표시이다.

47. 송아지가 죽은 "예"

송아지가 죽는 경우를 잘 기록하므로 송아지가 죽는 것을 예방할 수 있다. 번우 연구소에서 2003년 12월 29일 송아지가 죽은 예를 기술한다. 12월 18일 밤 12시에 암송아지가 태어났다. 송아지는 체중이 평균체중에 미달하고 일어나지 못하여 젖을 못 빠는 상태다. 몸을 마른 수건으로 닦아주고 보온 송아지 방에 넣고 로코백신을 2병 경구투여 했다. 셀레비트를 주사하였다. 19일 분만 후 1일째 분만 후 2일된 젖소의 초유를 얻어다 인공포유를 시켰다. 지모솔, 셀레비트, 디센탈을 주사하였다. 20일 2일 째 어미소를 묶어 젖을 짜 먹이고 송아지에 젖을 빨렸다. 송아지가 조금씩 빨아먹었다. 비칸톨 E와 셀레비트를 주사하였다. 21일 3일째 어미소를 묶어 놓고 송아지 젖을 빨렸다. 22일 4일째 어미를 묶어 놓고 송아지 젖을 빨렸다. 23일 5일째 어미를 묶지 않고서도 송아지 젖을 잘 빨아먹었다. 24일 6일째 어미를 묶지 않고서도 송아지 젖을 잘 빨아먹었다. 25일 7일째 어미소를 묶지 않고서도 송아지 젖을 잘 빨아먹었다. 셀레비트 디센탈을 주사하였다. 26일 8일째 젖을 빨아먹는데도 송아지는 배가 부르지 않았다. 29일 11일째 송아지는 보온 송아지 방에서 나오지 않고 탈진된 상태에 이었다. 인공유를 먹였으나 빨지 못하고 폐사하였다. 26일 8일째 젖을 못 먹은 것을 알고 인공포유를 하였더라면 송아지를 살렸을 것이다.

48. 분만 후부터 이유시까지 송아지의 포유관리

어미소는 송아지가 태어나면 바로 송아지에 묻은 양수를 핥아 피부를 마르게 하는데 이때부터 모성애가 발동하며 어미소는 송아지를 송아지는 어미를 인지하여 모자관계가 끈끈해진다.

갓 태어난 송아지는 분만 후 10~30분이면 일어서며 약 한 시간이 지나면 젖을 먹으려고 어미소에 다가가 유방을 찾는다. 어미소는 자세를 바꾸거나 머리로 송아지를 밀어 젖꼭지를 빨도록 유도한다.

원기가 없는 송아지는 어미소에 다가가기까지 시간이 걸리며 분만 후 3시간이 되어도 젖을 빨지 못하는 경우도 있다. 대부분의 어미소는 끔찍이 송아지를 사랑하며 관리인이 송아지를 다루려하면 관리인에 덤벼들려 하면서 송아지를 보호하려고 한다. 이런 어미소는 송아지를 잘 돌보며 송아지에게 젖을 잘 먹인다. 드물게 어미소가 송아지에게 깊은 관심을 보이지 않는 것이 있으며 송아지가 젖을 빨기 위해 어미에 접근하면 슬슬 도망을 가거나 젖꼭지를 빨면 다리를 올려 빠는 것을 기피한다.

이럴 때는 어미소가 송아지를 거부하지 못하도록 어미소를 묶어 젖을 빨도록 해주어야 한다. 이런 어미소는 관리인이 지켜보는 가운데 젖을 먹이도록 하는 것이 바람직 하다.

송아지가 어미소에게서 젖을 빨 때는 어미 옆에 붙어 어미와 역 평행자세로 젖을 빠는 것이 보통이며, 나중에 어미소와 송아지가 친숙해지면 어미소의 뒤에서 뒷다리 사이에 머리를 넣어 젖을 빨기도 한다.

송아지의 건강과 발육은 전적으로 어미소가 송아지에게 젖을 잘 먹이느냐에 달려있다. 송아지가 원기가 없고 빌빌하고 발육이 좋지 않으면 어미소가 송아지에게 젖을 잘 먹이지 않거나 유량이 적은 것이다.

송아지는 처음 몇 일간은 하루 8회 이상 젖을 빨지만 일자가 경과함에 따라 빠는 횟수가 줄어 1개월이 되면 6회로 줄며, 2개월이 되면 3~5회로 줄어든다. 송아지는 일정한 순서로 젖꼭지를 빤다. 젖꼭지 한 개당 빠는 시간은 3~5초이며, 젖을 빨면서 젖꼭지를 바꾼다. 한 번 젖을 빠는 시간은 약 10분 정도이다.

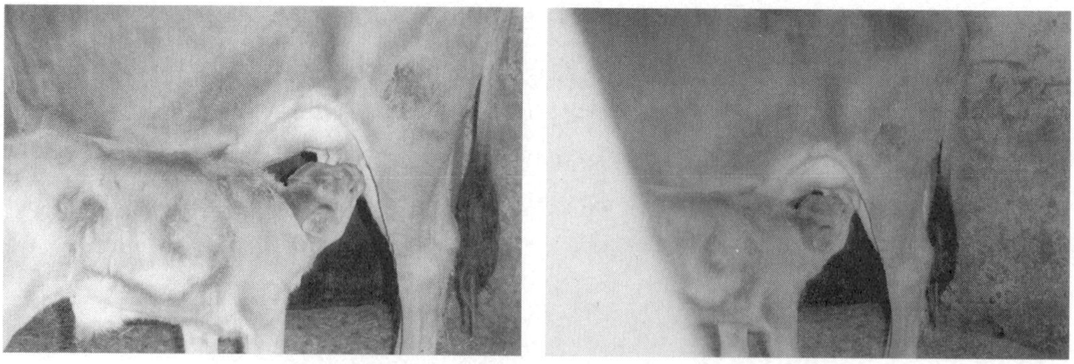

그림 1. 역평형으로 어미 젖을 빨고 있는 송아지

우사에 젖을 먹이는 소가 여러 마리 같이 있게 되면 송아지는 다른 어미소의 젖을 빨기도 하는데 이때 어미소에 따라 강하게 거부하는 소가 있는가 하면 그대로 허용하는 소도 있다. 대부분의 어미소는 포유초기에는 다른 송아지의 포유를 강력히 거부하고 자기 송아지를 잘 챙기나 포유기간이 경과할수록 다른 송아지의 포유를 허용하고 있다. 다른 송아지의 포유를 허용하는 어미소가 많을수록 먼저 출생한 송아지가 젖을 많이 먹게 되어 뒤에 난 송아지의 발육이 뒤지게 된다. 분만한 송아지는 분만실에 1주일 이상 있게 하여 어미의 초유를 충분히 먹도록 배려해야 한다.

송아지를 잘 기르는 어미소는 송아지를 자주 핥아주어 사랑을 표시하고 암송아지의 경우에는 외음부를 간간히 핥아주고, 수송아지의 경우는 포피를 핥아주어 배뇨를 시킨다.

송아지만 들어가서 어린 송아지사료, 건초와 물을 먹을 수 있는 시설을 마련해 놓으면 송아지는 1개월 전후하여 사료, 건초와 물을 먹으므로 젖 먹는 양이 약간 부족해도 발육해나갈 수 있다.

어미소는 분만 후 80일이 되면 비유량이 거의 바닥에 이르므로 이 시기 이후의 포유는 사실상 의미가 없으므로 송아지는 분만 후 75일령에 이유시키는 것이 바람직하다. 송아지를 분만 후 75일령 전후에 이유시키려면 이때에 사료와 건초를 잘 먹을 수 있도록 관리해야 한다.

49. 겨울 보온을 위한 송아지 방이 필요한 이유

출생하기전의 송아지는 자궁 내에서 양수와 요수에 둘러싸여 39.5℃의 일정한 온도 조건하에서 자라다가 체외로 나오게 된다. 물론 송아지는 출생하기 전 외부환경조건에 적응하기 위하여 체온조절 기능을 갖추고 태어난다. 이러한 체온조절기능은 송아지가 태어날 때의 생리적 성숙도, 체내의 글리코겐 저장량과 지방조직의 존재조건에 따라 달라진다. 즉 송아지는 자궁 외

그림 1. 겨울철 송아지방에 들어가 앉아 있는 송아지(2005.2.18일 분만)

의 생존에 적응할 수 있도록 몸의 구조와 생리를 바꾸어 태어난다.

그렇다고 해도 송아지는 태어나자마자 온도 스트레스를 받게 된다. 특히 겨울철에 태어난 송아지는 밖에 온도에 따라 엄청난 온도 스트레스를 받게 된다. 때문에 송아지가 겨울철에 태어나면 신속하게 체 표면에 붙은 양수를 마른 천으로 씻어주고 송아지를 25℃ 전후를 유지하는 송아지 방에 넣어 놓고 보온을 해주는 것이 필요하다.

태어난 송아지가 심한 온도 스트레스를 받으면 송아지는 많은 에너지를 소모하여 원기를 잃게 되고 이로 인하여 스스로 일어나지 못하게 되며 어미젖을 빨 수 없게 되어 생존하기 어렵게 된다. 출생 후 송아지를 따뜻한 송아지 방에 두면 얼마 후 원기를 회복하여 일어나서 어미젖을 찾게 된다. 출생 후 적어도 10일까지는 송아지는 25℃전후를 유지하는 송아지 방을 자유로 드나들 수 있도록 해주는 것이 바람직하다. 송아지는 따뜻한 곳을 좋아하고 추울 때는 스스로 알아서 송아지 방에 들어간다. 송아지를 따뜻하게 해주면 젖을 먹은 후에도 송아지는 소화가 잘 되며, 또한 가끔 따뜻한 송아지 방에서 수면을 취하므로 건강하게 자랄 수 있다. 건강하게 자라는 송아지는 병에 대한 저항력이 생겨 설사와 호흡기병에 대한 저항력을 갖게 되고 성장과 생육이 왕성하게 되어 건강하고 튼튼한 우량 송아지로 자랄 수 있다.

송아지 방은 규격품으로 판매되는 것을 구입하여 활용할 수 있으며, 적당한 크기의 FRP 물탱크에 출입문을 만들어 사용할 수 있다. 송아지 방의 규격은 1150×1500×1350(높이)cm이다.

50. 포유송아지의 사료 급여법

포유송아지의 사육은 모우와 함께 축주의 배려가 요망된다. 송아지의 영양은 분만직후부터 전반까지는 모우에 의하여 공급되나 전반부터 후반까지는 축주가 보조사료로 급여하는 조사료와 농후사료에 의하여 공급된다. 그 관계는 표 1로 이해할 수 있다.

표 1. 송아지의 주령별 에너지(TDN) 섭취량 (kg)

항 목	송 아 지 주 령						
	1	5	9	13	17	21	25
모 유	1.4	1.3	1.0	0.9	0.8	0.7	0.6
조 사 료	0	0	0.1	0.1	0.7	0.7	0.6
농후사료	0	0.1	0.1	0.1	0.2	0.4	0.6
계	1.4	1.4	1.3	1.4	1.8	2.3	2.8

이 표는 송아지가 영양(에너지)을 모유, 조사료와 농후사료부터 어느 정도 취하고 있는가를 보여준다. 송아지는 태어나서 1개월까지는 영양을 모유로부터 공급받는다. 한우의 산유량은 분만 후 1개월까지 약 1일 4.7kg 전후이다. 1개월이 지나면 송아지가 필요로 하는 영양은 증가하는데 모우의 비유량은 감소하기 시작한다. 따라서 1개월 이후부터는 축주가 조사료와 농후사료를 보조사료로 급여하여 영양을 보충해주어야 한다.

송아지는 태어나서 2주가 되면 반추를 하게 되며, 2개월이 되면 제대로 사료를 먹는다. 이 시기에 조사료와 농후사료를 준 송아지와 모유만으로 기른 송아지는 위 점막의 발달에 큰 차이를 보인다. 즉 조기부터 보조사료를 급여한 송아지는 반추위가 발달하여 조사료의 이용능력이 커진다.

송아지에게 보조사료를 급여하기 위하여 송아지만 들어가서 보조사료를 먹을 수 있는 시설이 필요하다. 송아지는 그 시설에 들어가 축주가 준 조사료와 농후사료를 마음놓고 먹을 수 있어야 한다. 송아지가 조사료와 농후사료를 먹고 있을 때 축주가 나타나도 겁내지 않고 안심하고 먹을 수 있도록 분위기가 만들어져야 한다.

농후사료에는 갓난 송아지 사료와 중송아지 사료가 있다. 생후 3개월까지는 갓난 송아지 사료를 급여하고 4~6개월까지는 중송아지 사료를 급여한다. 송아지에 급여하는 농후사료의 급여기준은 표 2와 같다.

조사료는 전 기간 자유로 채식토록 하고 농후사료는 4개월령까지 자유로 채식토록 하고 4개월 이후는 기준량에 따라 제한급여 한다. 5개월이 넘으면 섭취량이 급증하는데 농후사료의 양을 제한하고 조사료를 잘 먹도록 하여 반추위의 발달을 촉진하는 것이 중요하다.

표 2. 송아지에게 급여하는 농후사료의 급여기준 (kg/일)

성별 \ 월령	1	2	3	4	5	6	7
암	소량	0.5	0.8	1.2	1.6	2.0	2.4
수	소량	0.5	1.0	1.5	2.0	2.5	3.0

51. 거세는 언제 어떻게 왜 하는가

거세를 하면 아래 표 1에서 보는바와 같이 비육기간은 비거세우 554일에 비하여 거세우는 677일로 비육기간이 늘어나고, 일당 증체량은 비거세우 0.9kg에 비하여 거세우는 0.69kg로 감소하고, 지방률은 비거세우 12%에 비하여 거세우 20.6%로 증가하고, 등지방두께는 비거세우 0.38cm에 비하여 거세우 1.52cm로 늘어나고, 육량등급 B : C는 비거세우가 7 : 0에 비하여 거세우가 2 : 4로 육량등급 C가 증가하며, 육질등급 1 : 2 : 3은 비거세우가 0 : 6 : 1에 비하여 거세우는 6 : 0 : 0으로 1등급 출현율이 증가한다. 즉 거세를 하면 일당 증체량이 감소하면서 비육기간이 길어지고 육량등급이 떨어지고 지방률과 등지방두께가 늘어나면서 육질이 현저하게 개선되어 1등급 출현율이 증가한다.

성성숙을 하는 동안 수소의 정소에서는 안드로겐(주로 테스테론)이란 남성호르몬이 분비된다. 이 호르몬은 정소에서는 정자의 생산에 관여하고 몸에서는 뇌하수체에서 분비되는 성장호

표 1. 한우의 거세효과

구 분	비거세우	거세우
발육상태		
개시시 체중(kg)	150.8	148.1
종료시 체중(kg)	651.0	617.1
비육기간(일)	554	677
일당 증체량 (kg)	0.90	0.69
도체성적		
도체율(%)	62.9	62.9
지방률(%)	12.0	20.6
적육률(%)	71.8	62.9
육량 및 육질		
배장근단면적(cm^2)	82.9	81.9
등지방두께(cm)	0.38	1.52
육량지수	77.1	74.4
육량등급(B : C)	7 : 0	2 : 4
육질등급(1 : 2 : 3)	0 : 6 : 1	6 : 0 : 0

르몬과 협동하여 체성장을 촉진하며 성욕과 성행동을 발현시키고 체구를 남성화 한다. 따라서 거세를 하면 이 호르몬이 몸을 돌지 않으므로 성장률이 약간 떨어지고 성욕과 성행동이 사라져 수소는 온순해지고 체형이 여성화되며, 자연히 체지방이 늘어나 근층으로 침투되어 근내지방도가 증가하며, 근섬유가 가늘어져 고기의 연도가 좋아지면서 육질이 향상된다.

거세하는 방법은 거세시기 및 여건에 따라 고무줄환법, 무혈거세기 이용법 및 외과적 수술방법이 적용된다.

외과적 수술방법을 간단히 기술하면, 우선 송아지를 보정하고 음낭을 깨끗이 소독한 후 한쪽 음낭 내 정소실질을 아래로 밀어부친 후 아래를 2.5~3cm 정도 절개해 가면 정소실질을 둘러싸고 있는 백막이 나타난다. 이때 정소실질을 밑으로 밀어 절개면 밖으로 꺼내 약간 잡아당겨 매어달린 정관을 수술실로 아래와 위로 두 매듭 묶고, 중간을 잘라 정관의 일부를 음낭 내로 돌려보낸다. 같은 방법으로 다른 쪽 음낭 내 정소실질을 제거한다. 희석 옥도정기로 절개구를 잘 소독하는 것으로 수술은 끝난다.

거세시기는 자가 생산 송아지와 구입 송아지에 따라 달라질 수 있다. 자가 생산한 송아지는 생후 2~3 개월령에 거세가 가능하나, 구입 송아지는 4~6개월령에 거세하게 된다. 거세월령이 작을수록 송아지를 다루기 쉽고 거세 후 스트레스가 적고 경과가 좋으나, 거세월령이 늦어지면 송아지를 다루기가 어렵고 거세의 스트레스가 많으며, 절개부가 회복되는 데 걸리는 시일이 많이 소요되고, 후유증을 가져올 수 있다.

거세시기가 일당 증체와 육량등급 및 육질등급에 미치는 영향은 표 2와 같이 일당 증체량, 육량등급 및 육질등급에 있어서 거세시기 간에 큰 차이가 없다. 따라서 이상의 조건들을 감안해 볼 때 거세시기는 5개월령 전후가 바람직하다.

표 2. 거세시기가 일당 증체와 육량 및 육질등급에 미치는 영향

구분 \ 거세시기	3–4 개월령 (100kg 내외)	5–6 개월령 (150kg 내외)	7–8 개월령 (200kg 내외)
개시시 체중 (kg)	98.3	105.1	197.6
종료시 체중 (kg)	576.3	542.0	550.7
일당 증체량 (kg)	0.80	0.73	0.76
육량등급 (B : C)	2 : 4	2 : 5	4 : 3
육질등급 (1 : 2 : 3)	5 : 1 : 0	7 : 0 : 0	6 : 1 : 0

52. 체계적인 관리를 위한 이표 부착

기르고 있는 소들을 체계적으로 관리하기 위하여 소에 이표를 달아야 한다. 이표를 다는 적절한 시기는 생후 7일 전후이다. 이표를 부착하려면 이표, 장착기, 테크펜이 준비되어야 한다. 이표는 후에 떨어지지 않도록 귀의 상하 좌우의 중간에 부착하여야 한다. 이표에 기록하는 내용은 관리자, 사육규모, 관리사항에 따라 다르다. 이표의 면적은 한정되어 있으므로 관리상 꼭 필요한 항목을 기록한다. 기록항목은 개체번호, 생년월일, 부모의 명호 등이다.

본 연구소는 01-20으로 기록하는데 01은 생년이고, 20은 개체번호이다. 2001년에 출생한 개체 20이라는 뜻이다.

이표는 개체를 식별하는 중요한 기능이 있다. 대가축은 개체로 관리하므로 개체식별은 그만큼 중요하다. 그래서 이표에는 개체를 구별할 수 있는 번호를 부여한다. 사육하는 소의 두수가 많은 경우 일련번호만으로는 수치가 많아져 복잡하게 된다. 일련번호 앞에 연도를 표시하므로 일련번호의 수치가 훨씬 줄어든다. 이표에 연도를 넣어줌으로 나이의 식별이 가능하며 생년월을 표시하면 월령을 아는 데 도움이 된다. 월령을 알면 미경산우의 경우 초종부월령을 산출하는 데 편리하며, 비육우는 비육시기별 사양관리를 아는 데 도움이 된다. 송아지의 경우 이유시기와 판매시기를 가려내는 데 도움이 된다. 이표에 부모를 표시하면 어느 부모의 송아지가 우량한지를 식별하는 데 도움이 되고, 번식우에서는 인공수정시 근친교배를 피하는 데 도움이 된다.

이표에 여러 항목을 기록하면 자연히 글자가 적어져 떨어진 곳에서 식별하는데 어려움을 가져온다. 따라서 적절한 크기의 글자로 쓸 수 있도록 꼭 필요한 항목이 기록되는 것이 바람직하다. 혈통등록이 되고 송아지 생산 안정사업에 가입된 번식우에서 생산된 송아지는 바코드 이표가 부착되므로 바코드에 의하여 관리가 가능하나 농가가 다른 귀에 고유의 이표를 부착하면 개체들을 체계적으로 관리하는 데 편리하다.

53. 소의 제1위 내에는 어떤 미생물이 살며 이 미생물은 어떤 일을 하는가

제1위는 미생물이 서식하기에 적합한 조건을 가지고 있다. 제1위 내에서는 400여종의 박테리아, 20여종의 프로토조아(protozoa), 수종의 진균(眞菌, fungi)과 바이러스, 마이코플라스마(mycoplasma) 및 박테리오파지(bacteriophage) 등이 살고 있다. 일반적으로 위액 1ml 중에는 10만~1000만 마리의 프로토조아와 10억~100억 마리의 박테리아가 존재한다. 프로토조아는 박테리아보다 수백 배 내지 수만 배 크기가 크다. 프로토조아는 섬모를 가진 것이 대부분이나 가지지 않은 것도 있다.

박테리아의 약 70%는 사료입자에 붙어있고 약 30%는 위액에 유리된 상태로 있다. 어떤 것은 상피세포의 가장자리에 붙어있다. 메탄생성 박테리아는 프로토조아에 붙어 있다.

박테리아에는 섬유질소화 박테리아, 헤미셀룰로오스 소화 박테리아, 전분소화 박테리아, 당이용 박테리아, 산이용 박테리아, 메탄생성 박테리아, 암모니아생성 박테리아, 지방분해 박테리아와 비타민합성 박테리아 등이 있다.

이런 미생물들이 제1위에서 잘 번식하고 살기 위해서는 위액의 온도와 pH가 잘 유지되고, 미생물이 이용하는 영양소들이 골고루 잘 공급되어야 한다. 위액의 온도는 체온과 같이 39~41℃가 유지되는데 이 온도는 미생물이 성장하는 데 알맞은 온도이다. 위액의 pH는 5.5~7.0으로 비교적 일정하게 유지된다.

사료의 소화는 미생물의 작용에 의하여 발효과정을 거치는 소화와 소가 분비하는 효소에 의하여 가수분해과정을 거치는 소화로 나눌 수 있다. 사료 중의 대부분의 탄수화물은 미생물에 의하여 발효되어 휘발성지방산인 초산, 프로피온산과 낙산으로 변한다. 급여하는 사료 중에서 조사료의 비율이 높으면 초산의 비율이 50~60%로 높아지고, 농후사료의 비율이 높으면 프로피온산의 비율이 높아져 체지방이 축적되어 소는 살이 찐다.

사료 중의 단백질은 미생물에 의하여 펩티드(peptide)와 아미노산으로 가수분해 된다. 아미노산은 유기산, 암모니아와 이산화탄소로 분해되는데, 미생물은 이들을 이용하여 단백질을 합성한다. 이를 미생물단백질이라고 하는데, 이 미생물단백질은 제4위와 소장에서 소화흡수 된다. 미생물 성장에 필요한 에너지, 질소 원, 무기물 및 비타민 등의 여러 가지 영양소가 적절히 공급되어야 미생물단백질 합성이 잘 된다. 미생물단백질이 합성되는 정도는 사료의 종류와 섭취량, 제1위에서 사료가 정체하는 시간, 위 내용물이 하부 소화관으로 흘러 들어가는 율 등에 따라 차이가 있다.

사료 중의 지방은 미생물에 의하여 지방산과 글리세롤로 분해된다. 글리세롤은 미생물에 의하여 발효되어 낙산으로 되며 지방산은 소장에서 소화 흡수된다.

미생물은 탄수화물, 단백질과 지방을 분해할 뿐만 아니라 비타민 B군과 비타민 K를 합성한다. 따라서 비타민 B군과 비타민 K는 사료로 공급해 주지 않아도 된다. 지용성 비타민 A와 D는 미생물에 의하여 합성되지 않으므로 사료로써 급여하여야 한다.

54. 소의 반추위는 어떻게 발달하나

소의 위는 제1위(rumen), 제2위(reticulum), 제3위(omasum), 제4위(abomasum)의 4부분으로 나누어져 있다. 제1위와 제2위는 겹주름으로 구분되어 있고 위 내용물의 이동이 가능하며,

그 기능이 비슷하므로 제1위와 2위를 합쳐서 반추위라고 부르고 하나의 기관으로 취급하기도 한다.

갓 태어난 송아지는 반추위보다 제4위가 잘 발달되어 있으며, 제4위의 용적은 전체 위 용적의 50%를 차지한다. 제4위는 단위동물의 위와 같은 역할을 한다. 송아지가 고형질사료를 먹기 시작하면 반추위는 급속도로 발달하며, 제3위와 4위의 용적은 상대적으로 감소한다.

소의 연령별 각 위의 상대적 크기는 표 1과 같이 출생 직후 반추위는 전체용적의 38%이던 것이 성우가 되면 85%로 커지고, 제4위는 갓 태어났을 때 49%이었던 것이 성우가 되면 4%로 크게 감소한다.

표 1. 소의 생후 각 위의 상대적 크기

생후 월령	반추위(제1위+제2위)	제3위	제4위
0	38	13	49
3개월	64	14	22
성우	85	12	4

(Church, 1969)

또한 거세한우의 생후 월령별 위의 중량변화는 표 2와 같이 6개월령이 되면 반추위, 제3위, 제4위 모두 성우와 비슷하게 된다.

표 2. 거세한우의 생후 월령별 위의 중량변화

구 분 (월령)	반추위(제1위+제2위)		제3위		제4위	
	중량(kg)	비율(%)	중량(kg)	비율(%)	중량(kg)	비율(%)
0	0.16	37.2	0.07	16.3	0.20	46.5
6	3.11	66.7	0.90	19.3	0.65	13.5
12	5.35	68.1	1.45	18.4	1.06	13.5
18	6.61	66.2	1.93	19.3	1.44	14.4
24	7.74	68.3	1.72	15.2	1.88	16.6

반추위의 발달을 촉진시켜 사료의 이용성이 높은 소를 육성하기 위해서는 송아지 때부터 양질의 건초와 농후사료를 먹여야 한다. 제1위와 제2위는 식도가 변화된 기관으로 송아지가 고형사료를 먹으면 급속히 발달한다.

모유만 먹인 송아지의 위의 발달은 매우 나빠 용적은 농후사료와 건초를 먹인 송아지의 절반에 불과하다. 또한 위 점막의 조직적 기능적 발달도 떨어진다. 따라서 송아지를 건초와 농후사료를 자유롭게 먹을 수 있도록 기르면 송아지는 발육이 촉진될 뿐만 아니라 반추위의 발달도 촉진되어 사료의 이용성이 높은 소로 육성된다.

55. 무기물 벽돌(Mineral Block)을 먹이면 어떤 면에서 좋은가

시판되는 무기물 벽돌에는 제품에 따라 약간 다르지만 일반적으로 소디움(Na), 마그네슘(Mg), 동(Cu), 옥도(I), 셀레늄(Se), 철(Fe), 코발트(Co), 망간(Mn), 아연(Zn), 인(P), 칼슘(Ca), 비타민 A와 비타민 D 등의 무기물과 비타민이 들어 있다.

무기물은 소의 뼈를 구성하며 각 체조직과 기관을 구성하는 요소이며 효소, 조효소 그리고 호르몬의 구성 요소이다. 무기물은 체내 삼투압과 산-염기의 형성을 유지시켜 준다. 또한 무기물은 세포막의 침투작용, 근육운동 그리고 신경전달 작용에 관여한다.

칼슘, 인, 소디움, 염소(Cl), 포타슘(K), 마그네슘과 유황은 소가 다량으로 요구되는 무기물이며, 코발트, 동, 옥도, 철, 망간, 몰리부덴(Mo), 셀레늄과 아연은 미량으로 요구되는 무기물이다. 따라서 무기물 벽돌 중에는 다량으로 요구되는 무기물이 많이 들어 있으며, 미량으로 요구되는 무기물은 미량 들어 있다.

이런 무기물들은 일반적으로 배합사료나 조사료에 의하여 공급이 되나 때로는 부족현상을 가져 올 수 있으므로 무기물 벽돌 형태로 급여하면 부족한 무기물이 공급되어 결핍을 예방할 수 있으며 체내 무기물의 균형도 유지할 수 있다.

일반적으로 체내 부족하기 쉬운 무기물은 소디움, 칼슘과 인이며, 경우에 따라 부족하기 쉬운 무기물은 마그네슘, 코발트, 옥도, 동, 유황과 포타슘이다. 따라서 무기물 벽돌에는 부족하기 쉬운 무기물이 들어 있다.

중요한 무기물과 비타민에 대하여 살펴본다.

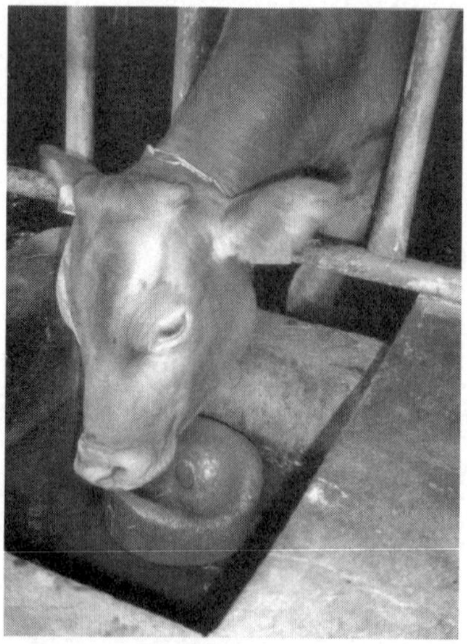

그림 1. 미네랄 블록을 핥고 있는 소

1) 칼 슘

앞에서 언급한 것과 같이 칼슘은 뼈의 구성성분이므로 칼슘이 부족하면 골다공증에 걸리며, 사료 섭취량이 감소하여 성장에 부진을 초래한다. 특히 칼슘은 인과 비타민 D의 작용을 돕는 교호작용이 있다. 그러나 칼슘이 과다하게 공급되면 인, 마그네슘, 철, 옥도, 망간의 작용을 억제하는 길항작용이 있으므로 칼슘이 과다하게 급여되지 않도록 유념해야 한다.

2) 인

인은 뼈의 구성성분이며 인이 부족하면 식욕이 감퇴되어 성장이 둔화된다. 인이 부족하면 나무 조각, 뼈, 고무 등을 씹는다.

3) 마그네슘

마그네슘이 부족하면 식욕이 부진하며 경우에 따라 침을 심하게 흘리거나 입에 거품을 낸다. 마그네슘의 부족이 심하면 근육경련을 일으키며 기립불능 상태에 이른다.

4) 옥 도

옥도는 갑상선 호르몬인 타이록신의 구성요소로 필수적인 무기물이다. 타이록신은 모든 세포 내 에너지 대사를 조절한다. 사료 중 옥도가 부족하면 갑상선이 비대한다. 옥도가 부족했던 어미소는 갑상선이 비대한 송아지를 생산하는 경우도 있다.

5) 철

철은 헤모글로빈, 미오글로빈과 사이토크롬의 구성요소로 산소를 각 세포에 운반한다. 따라서 철의 결핍은 송아지에서 빈혈을 유발하고 발육을 지연시키고 질병에 대한 면역성을 감퇴시킨다.

6) 망 간

망간이 결핍하면 성장률이 저하하고 번식률이 떨어지며 심하면 기형 송아지가 출산한다.

7) 셀레늄

셀레늄이 결핍하면 육성우에서 가끔 설사를 유발한다. 임신우에서는 분만 후 후산정체를 일으킨다. 셀레늄은 비티민 E와 교호작용이 있어 사료 중에 비타민 E의 수준이 높을 때는 셀레늄의 요구량이 줄어든다.

8) 비티민 A

비티민 A는 체내 각 조직에서 상피세포를 정상적으로 유지시켜주는 필수적 영양소이다. 비티민 A가 부족하면 상피세포가 각질화 한다. 그러면 호흡기관, 입, 눈, 장, 요도와 신장 등의 기능이 약화되고 감기와 폐렴에 걸리기 쉬우며, 식욕이 감퇴되고 마른다. 임신우는 임신기간이 단축되고 후산정체가 생기며 눈먼 송아지를 분만하기도 한다.

9) 비티민 D

비티민 D는 칼슘과 인의 대사에 작용하는 필수영양소이다. 칼슘의 흡수를 돕고 칼슘과 인을 뼈에 저장토록 한다. 비티민 D가 결핍하면 칼슘의 침착이 지연되고 쉽게 골절된다.

무기물 벽돌을 구입할 때는 어떤 종류의 무기물과 비타민이 얼마만큼 들어 있는지 확인하고 품질이 보증된 제품을 구입하는 것이 바람직하다. 무기물 벽돌은 소들이 잘 핥아 먹을 수 있는 장소에 놓아 어느 때든 자유로이 먹을 수 있도록 하는 것이 바람직하다.

56. 신체충실도(Body Condition Score, BCS)란 무엇이며 어떻게 활용하나

BCS는 소의 비만정도 또는 몸의 영양상태 점수(Body Condition Score, BCS)의 약자로 젖소의 착유우의 비만정도를 수치로 나타내어 영양관리의 지침으로 활용되었는데 한우 번식우에도 이 BCS가 영양관리의 지침으로 활용되고 있다.

소의 비만 정도는 젖 생산, 사료 섭취, 번식 등에 크게 영향을 미친다. 소가 살이 쪘다는 것은 피하지방층이 정도 이상으로 축적되었고, 섭취한 에너지의 일부가 몸에 저장 되었다는 것이다. 반면, 소가 야위었다는 것은 섭취한 영양소가 요구하는 영양소를 충당하지 못하여 체내에 저장되었던 영양소가 이용되었다는 것을 의미한다. 따라서 체지방이 적당히 형성되었을 때 섭취한 영양소가 최대로 이용된다.

과비가 되었을 때는 전반적으로 대사장애 발생률이 증가하고 병에 대한 방어력이 떨어지며, 수태가 잘 안되고 임신우의 경우에는 난산의 발생률이 높아지고 분만 후 젖 생산이 줄어든다. 한편 극히 수척했을 때는 번식과 비유에 문제가 생기며, 질병에 대한 방어력도 떨어진다.

비만 정도는 5등급으로 나누고 있는데, 1을 아주 야윈 상태로 하고, 5는 아주 살찐 상태로 하여 그 중간을 2, 3, 4로 하고 있다(그림 1 참조).

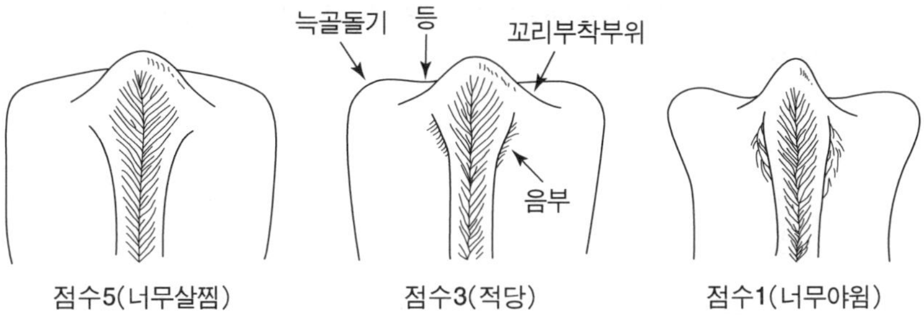

그림 1. 뒤에서 본 BCS

화살표 부위의 살찐 상태(지방축적)를 본다.

영양상태 점수(BCS)는 꼬리의 부착부위, 음부, 등, 늑골돌기 부위의 살찐 상태를 눈으로 보든가 손으로 만져보고 정한다(표 1 참조). 가야목장(김수경)에서는 BCS를 한우 번식우의 영양관리 지침으로 활용하여 좋은 번식성적을 얻고 있다.

표 1. 5단계로 분류한 BCS

점 수	1	1.5	2	2.5	3	3.5	4	4.5	5
영양상태	아주 허약	허약	아주 야윔	야윔	적당	양호	매우 양호	살찜	아주 살찜
크게 나눔	마름			보통			살찜		

수정단계, 임신초기, 중기, 말기, 분만 후, 비유초기, 중기, 말기, 이유기에 측정된 BCS를 기준으로하여 급여하는 사료의 질과 양을 조절한다. 특히 인공수정 시기에 있어서 BCS는 수태율에 많은 영향을 미친다.

분만 전 어미의 BCS가 2.5이하로 떨어지면 분만 후 발정재귀가 늦어진다. 분만시 BCS는 3.0~3.5가 바람직하며 분만시 BCS가 3.0~3.5 이더라도 분만 후 20일이 경과하면 2.5~3.0으로 떨어지며 분만 후 45일 경에는 BCS가 2.0~2.5로 낮아진다. 따라서 BCS가 2.5~3.0을 유지하도록 사료의 양과 질을 조절해야 한다.

소를 한 칸에 여러 마리 같이 사육할 때는 자연적으로 개체에 따라 살찐 소와 야윈 소가 생긴다. 즉 BCS가 3.5 이상인 소와 2.5 이하인 소가 생긴다. 가야목장(김수경)에서는 이런 소가 발생할 때는 소를 옮겨 살찐 소는 살찐 소끼리, 야윈 소는 야윈 소끼리 수용하여 사료의 양과 질을 조절하여 모든 소가 BCS 3.0~3.5가 되도록 사육한다.

57. 이스트컬추어(Yeast Culture)를 사료에 첨가 급여했을 때 한우에서 어떤 효과가 있는가

1) 이스트컬추어의 의미

이스트컬추어란 효모(yeast)를 특수한 환경에서 배양했을 때 발효과정에서 생산된 대사생성물을 말한다. 이 대사생성물을 사료와 함께 가축에게 급여하면 장 내의 유익한 미생물이 괄목할만한 수준으로 증식하는 효과가 있다.

특히 반추가축의 경우 이 대사생성물을 사료에 첨가하여 급여하면 반추위 내에서 섬유소를 분해하는 미생물이 괄목할만한 수준으로 증가하여 소가 섭취한 조사료 중의 섬유소의 분해가 촉진되어 섬유소의 소화율이 향상되며, 건물섭취량이 증가한다.

이스트컬추어는 효모와 그 효모가 배양된 배지를 포함하고 있는 제품으로 효모의 발효 능력을 유지할 수 있도록 건조된 제품이다. 배지에는 효모가 배양과정에서 생산한 대사생성물이 포함되어 있다. 이스트컬추어는 발효제품이며 이스트컬추어의 효과는 대사생성물에 의하여 나타난다.

2) 이스트컬추어에 들어있는 성분과 조성

이스트컬추어에 함유되어 있는 대사생성물은 주로 펩티드(아미노산), 유기산, 과당류, 풍미제 및 각종 효소 아밀라제(전분소화), 카탈라제(산화작용), 셀루라제(섬유질소화), 락타제(유당의 가수분해), 리파제(지방소화), 말타제(말토스당 가수분해), 피타제(피틴소화) 및 프로테아제(단백질소화) 등으로 구성되어 있다.

이스트컬추어에는 조단백질(최하 14%), 조지방(최하 2.5%)과 조섬유(최하 8%)를 함유하고 있으며, 비타민류는 kg당 티아민 11.0mg. 리보플라민 6.6mg, 판토테닉산 19.8mg, 콜린 1,760mg, 나이아신 55.0mg, 피리독신 8.8mg, 엽산 1.1mg, 바이오틴 0.2mg, 비타민 B_{12} 13.2 UG, 비타민 A 6,600 IU 및 비타민 E 26.4 IU를 함유하고 있다. 광물질로는 칼슘 0.3%, 인 0.7%, 마그네슘 0.1%, 포타슘 0.7%, 유황 0.2%, 그리고 kg당 망간 55mg, 철 132mg, 동 9.9mg, 아연 66mg, 코발트 2.0mg과 셀레늄 0.2mg을 함유하고 있다.

3) 반추가축에 있어서 이스트컬추어의 급여효과

(1) 반추위 내 총 미생물수와 섬유소를 분해하는 미생물수가 증가하여 섬유소의 소화율이 향상되며 건물섭취량이 증가한다

표 1에서 보는바와 같이 대조구에 비하여 급여구는 반추위 내 총미생물수가 30~60%, 섬유소를 분해하는 미생물수가 50~80%로 파격적으로 증가하였다.

표 1. 이스트컬추어 급여가 반추위 내 미생물 증식에 미치는 효과

연 구 자	구 분	대조구	급여구	증가율(%)
위드마이엘 등	총 미생물수	19.6	25.5	30
(1987)	섬유질분해미생물수	2.5	4.0	50
체리손 등	총 미생물수	7.7	12.3	60
(1988)	섬유질분해미생물수	0.0661	0.1202	80

(10억 cfu/위액 ml)

(2) 일당 증체율, 건물섭취량과 상등육비율이 향상되고 간농양발생률이 감소한다

체중 200kg 내외의 육용우로 197일간 비육시험을 실시하였다. 시험개시 100일간은 티엠알 상태로 사료를 급여하였으며, 후기 97일간은 비육후기 사료를 자유로 섭취하도록 하였다. 시험개시 후 28일간 1일 두당 50g의 이스트컬추어를 사료에 첨가하여 급여하였다.

표 2. 이스트컬추어 급여가 비육우의 증체율과 사료섭취에 미치는 효과

항 목	대조구	첨가구	대 비
실 험 두 수	34	35	
개시시 체중(kg)	208	208	
종료시 체중(kg)	539	565	+28
일당 평균증체(g)	1,676	1,808	+132
일당 평균건물섭취(g)	8,648	8,843	+195
상등육비율(%)	76.5	82.9	+6.4
간농양발생률(%)	29.4	20.0	−9.4

실험결과 대조구에 비하여 첨가구가 종료시 체중이 28kg, 일당 평균증체량이 132g, 일당 평균건물섭취량이 195g 많았다. 한편 상등육비율은 첨가구가 대조구에 비하여 6.4% 많았고, 간농양발생률은 9.4% 적었다.

(3) 육질을 개선한다

축협중앙회 한우개량부에서 1994년 6월 23일부터 1995년 12월 15일까지 1년 6개월간 6개월령 한우 수송아지 40두를 가지고 실험을 실시하였다. 이스트컬추어를 11~13개월령까지는 두당 1일 20g, 15~17개월령까지는 두당 1일 20g, 20~22개월령까지는 두당 1일 25g을 사료에 첨가하여 급여하였다.

표 3. 이스트컬추어 급여가 한우비육우의 일당 증체량과 등심단면적에 미치는 효과

구	분	일당 증체량(kg)	등심단면적(cm^2)
비거세	대 조 구	0.89	78.2
	급 여 구	0.90	81.4
	대 비(%)	+1.1	+3.8
거 세	대 조 구	0.73	64.8
	급 여 구	0.79	70.2
	대 비(%)	+8.2	+8.3

급여구가 대조구에 비하여 비거세우에서는 일당 증체량이 1.1%, 등심단면적이 3.8% 증가하였으며, 거세우에서는 일당 증체량이 8.2%, 등심단면적이 8.3% 증가하여 비거세우보다는 거세우에서 효과가 많았다.

(4) 송아지에서는 제1위의 발달을 증진시키고 소화기 장애를 예방하며 식욕을 증진시켜 일당 증체률을 향상시키고 사료요구율을 향상시킨다

(5) 기타 위장장애 예방, 고창증 예방, 각종 스트레스에 대한 저항력을 증진시키고 분의 냄새를 줄이고 파리를 적게 하는 효과가 있다

4) 급여량

육　우 : 1일 1두 14~43g

송아지 : 1일 1두 5~10g

5) 수입판매원

신한바이오켐

공　장 : 경기도 화성시 앙강면 대양리 522

사무소 : 서울시 서초구 서초동 1460-1

전 화 : 02-586-7311, Fax. : 02-586-7312
제조원 : Diamond V. Mills. Inc. U.S.A.

6) 포장 단위

5kg

58. 이유부터 첫 수정까지의 번식 밑소는 어떻게 길러야 하나

1) 번식 밑소의 육성목표

한우는 일반적으로 생후 75~90일에 이유하여 생후 14~15개월에 첫 수정을 한다. 이유하여 12개월까지는 운동을 충분히 시켜 다리와 발굽을 튼튼하게 하고 골격을 만드는 데 주안점을 두고 길러야 한다. 즉 약간 말라보이지만 단단하게 길러야 한다. 12개월이 지나면 농후사료를 더 주어 골격이 형성된 몸에 살을 붙여 체형을 완성시키는 방향으로 육성하여야 한다. 목표는 다리와 발굽이 튼튼하고 골격이 충실하고 체격이 좋은 번식 밑소로 오래 기를 수 있도록 육성하는 것이다. 한우가 가지고 있는 발육능력을 충분히 발휘하여 적어도 14~15개월령에 인공수정하여 24~25개월령에 초산케 한다는 목표를 가지고 육성하는 것이 바람직하다.

6개월령에서 10개월령은 소의 일생에 있어서 가장 발육이 왕성한 시기이다. 사육을 잘하면

그림 1. 생후 13개월된 번식 밑소(2003. 6. 12일생)

생후 18개월령에 성숙체고의 90%까지 발육시킬 수 있다. 따라서 영양을 충분히 공급하여 발육이 뒤지지 않도록 해야 한다. 가능하면 체고나 체중을 측정하여 발육 표준과 비교하여 표준에 도달하였는지를 확인하여 적어도 표준치의 중간 이상의 발육을 하도록 육성할 필요가 있다.

여기서 주의해야 할 것은 살이 찌지 않도록 하는 것이다. 이 시기에 몸에 지방이 축적되게 해서는 안 된다. 지방이 축적되면 번식장애의 원인이 될 뿐만 아니라 유선의 발육이 저해된다. 유방에 지방이 부착되면 유선의 도관계의 발달이 저해되어 분만했을 때 젖이 적게 나와 송아지의 발육이 나빠진다.

2) 사료급여 방법

생후 4개월이 되면 소의 제1위와 제2위의 크기는 위 전체크기의 87%로 성우와 거의 비슷해진다. 그러나 위의 발달은 사료의 종류나 먹이는 방법에 따라 현저한 영향을 받는다. 예를 들어 송아지를 12주령(3개월)까지 젖만으로 사육한 것과 젖을 먹이면서 농후사료와 조사료를 자유로 먹인 것과의 위의 발달을 비교해보면 전자의 위의 용적과 위조직의 무게는 후자의 반 정도에 지나지 않았다. 또한 후자는 제1위의 내벽을 둘러싸고 있는 융모가 잘 발달하여 엽상(葉狀)과 설상(舌狀)으로 분화하였고 색도 성우와 마찬가지로 암갈색 이었는데 반하여, 전자는 12주령이 되어도 융모는 출생시와 모양이 같았으며 색도 백색이었다. 반추위 내의 미생물에 의한 발효작용과 반추위 내 상피조직의 기능, 즉 영양분을 흡수하는 능력과 영양분을 대사하는 능력 등도 후자가 잘 발달하였다.

이유 후부터 첫 수정까지의 암소에게는 조사료를 자유로 섭취케 하는 것을 원칙으로 하고 발육상태에 따라 농후사료의 급여량을 조절하면 충실한 골격을 형성하면서 좋은 발육을 기대할 수 있다.

퓨리나코리아의 육성우 사양프로그램에 따르면 생후 3개월까지는 어린 송아지 사료를 자유로 급여하고 생후 4개월에서 6개월까지는 중송아지 사료를 1일 두당 2kg 급여하고 7개월에서 12개월까지는 번식우 사료를 1일 두당 2.5~3.5kg 급여토록 되어 있다. 생후 7개월 이후의 1일 1두 농후사료 급여량은 개체의 신체충실도(BCS)에 따라 조절하여 급여해야 할 것이다.

3) 관찰과 관리

(1) 발육의 기록

발육의 기록은 육성 중의 사료급여가 적절한지 아닌지를 알기 위하여 꼭해야 한다. 할 수 있으면 월 1회 체중을 측정하여 발육 표준치와 비교하여 정상적으로 발육하고 있는지를 확인해야 한다. 다두사육을 하고 있는 경우에는 월초나 월말로 측정일을 정해 놓는 것이 좋다. 사료급여량도 기록해 놓으면 발육과 사료급여량과의 관계를 파악하는 데 도움이 된다. 이렇게 하므로 자기 나름대로의 육성법을 터득할 수 있으며 기술적인 사육을 할 수 있다. 저울이 없을 경우에는 흉위나 체장을 측정하여 체중을 추정할 수 있다. 흉위에 따른 체중을 표시하는 줄자를 이용하면 편리하다.

(2) 발정의 기록

생후 12개월이 되면 밑소는 발정이 오므로 발정이 온 일자를 기록해 둔다. 그리고 발정이 21일 주기로 정상적으로 오는지를 확인한다. 정상적으로 발정이 반복되더라도 막상 인공수정을 하려면 발정이 오지 않는 경우가 있다. 이런 경우에는 소의 난소에 황체가 형성된 후 그대로 있는 경우가 많으므로 이때는 우테라이스(PGF$_{2\alpha}$)를 주사하여 발정유기를 시도해 볼 필요가 있다. 때로는 발정이 미약하게 와서 발정을 발견 못하고 지나가는 수가 있다.

다두사육의 경우 분주한 가운데 발정을 1~2회 지나쳐 버리면 교배적기를 지나는 경우가 있다. 교배적기를 지나면 수태율이 떨어지는 경향이 있다.

(3) 운동을 충분히 시킨다

이시기에 운동은 매우 중요하다. 발육이 왕성한 시기에 단련해 놓지 않으면 성우가 되어 아무리 운동을 시켜도 다리를 튼튼하게 하는 것은 불가능하다. 운동을 시키지 않으면 튼튼한 발굽을 만들 수 없다.

적절한 운동은 혈액순환을 좋게 하여 신진대사를 활발하게 한다. 운동은 공복감을 주어 식욕을 왕성하게 하고 사료를 많이 먹게하며 따라서 늑골이 개장되어 조사료의 이용성이 좋은 육성우가 된다. 운동을 시키면 다리와 발급을 튼튼하게 할뿐만 아니라 뼈, 근육과 장기 등을 튼튼하게 하여 병에 대한 저항력을 갖게 된다. 이 시기는 성성숙기이므로 운동에 의하여 생식기의 발육이 촉진되며, 일광욕이 충분하면 발정의 발현이 양호하게 되여 인공수정 했을 때 수태율이 높게 나타난다. 일광욕을 충분히 하면 태양광선 중의 자외선은 소의 체내에서 비타민 D를 만들게 할뿐만 아니라 시상하부를 지극하여 성호르몬의 분비를 촉진하여 번식생리를 순조롭게 한다. 이와 같이 운동과 일광욕은 육성우에게는 꼭 필요한 중요한 요소이다.

(4) 경쟁을 피한다

많은 두수를 군사하는 경우는 경쟁이 일어나게 된다. 암소 육성우의 경우는 사료를 제한하여 급여하므로 농후사료를 경쟁적으로 먹게 된다. 경쟁하는 사이에 강자와 약자의 관계가 생겨 농후사료와 조사료를 먹을 때 강자가 약자를 못 먹게 한다. 나이를 먹을수록 이와 같은 행동은 강하게 나타난다. 약한 소는 농후사료와 조사료를 만족하게 먹을 수 없게 되어 자연발육이 늦어진다.

기상조건이 나빠지면 휴식하는 장소까지 경합이 생겨 약한 소는 제대로 휴식을 하지 못하여 신경질적인 소가 되고 더욱 상태가 나빠진다. 농후사료와 조사료를 먹을 때 경합을 극복하기 위하여 목 자동고정 스탄치온을 설치하면 사료를 먹을 때 모든 소가 고정되어 경합없이 사료를 먹일 수 있다.

59. 번식우의 사료급여 방법의 기본

번식우는 1년에 1산씩 송아지를 생산하므로 번식우의 몸의 생리는 분만-포유-발정-인공수정-이유의 주기를 반복하게 된다. 따라서 번식우에게는 몸의 생리에 부합하게 사료가 급여되어야 한다. 그림 1의 하단의 가로에는 몸의 생리의 변화를 세로에는 사료의 급여량을 표시하였다. 그림에 생리변화를 세분해 놓았는데 크게 구분하면 분만기를 전후하여 젖을 내지 않는 건유기와 송아지에 젖을 먹이는 비유기로 나뉜다. 한편 건유기는 임신 중기와 말기로 나뉜다. 비유기는 전기, 중기, 제한포유기로 나뉘며, 이 비유기는 인공수정기와 임신전기와 중복된다. 하단의 가로 윗줄에는 분만을 전후하여 월령을 표시하였다.

세로의 사료급여는 유지사료와 생산사료로 구분하였다. 유지사료는 임신 중기에 급여하는 사료로 번식우가 몸을 유지하는 데 필요한 사료이다. 또한 생산사료는 임신말기부터 비유기에 급여하는 사료로 태아의 발육과 젖을 내는 데 필요한 사료이다.

유지사료와 생산사료와의 관계를 알기 쉽게 하기 위하여 0에서 200까지의 지수로 표시하였다. 이 지수는 사료의 실제급여량이 아니고 유지사료의 급여량을 100으로 했을 때 소의 몸의 생리가 바뀜에 따라 몇 %의 사료를 증가 급여해야 하는가를 표시한 것이다. 이와 같이 소의 몸의 생리의 변화에 준하여 사료급여량을 바꾸는 것을 번식주기에 준한 사료급여 방법이라고 한다.

그림 가운데 단에 표시한 태아사료는 분만 전 3개월부터 태아가 급속히 성장하므로 유지사료만으로는 태아성장에 필요한 영양을 공급할 수 없으므로 태아에 영양공급을 위하여 이 기간에 증가 급여하는 사료를 말한다. 분만직전과 직후 어미소는 약 40kg의 체중차이가 난다. 이는 태아 20~25kg과 요수, 양수, 태반과 태막이 만출됨으로 발생한다. 분만말기까지 태아가 충분히 성장하고 태아를 둘러싸고 있는 태반, 태막, 양수와 요수가 충분히 발달하기 위해서 분만 전 3개월부터 사료를 증가 급여해야 한다. 임신말기 2~3개월간은 임신 중기의 유지사료를 기준으로 2~3% 증가 급여해야 한다. 초임우는 임신 중에도 성장하여 체중이 늘어나야 하므로 태아사료 외에 성장에 필요한 사료를 증가 급여해야 한다.

분만 후 어미는 송아지를 양육하기 위하여 젖을 내므로 젖 생산을 위하여 사료를 증가 급여해야 한다. 이 비유기는 그림 상단 중간에 나타낸 것 같이 인공수정 시기와 중복된다. 그림 가운데 단에 표시한 바와같이 분만 후 2개월간은 우유가 제일 많이 분비되는 최고 비유기가 되

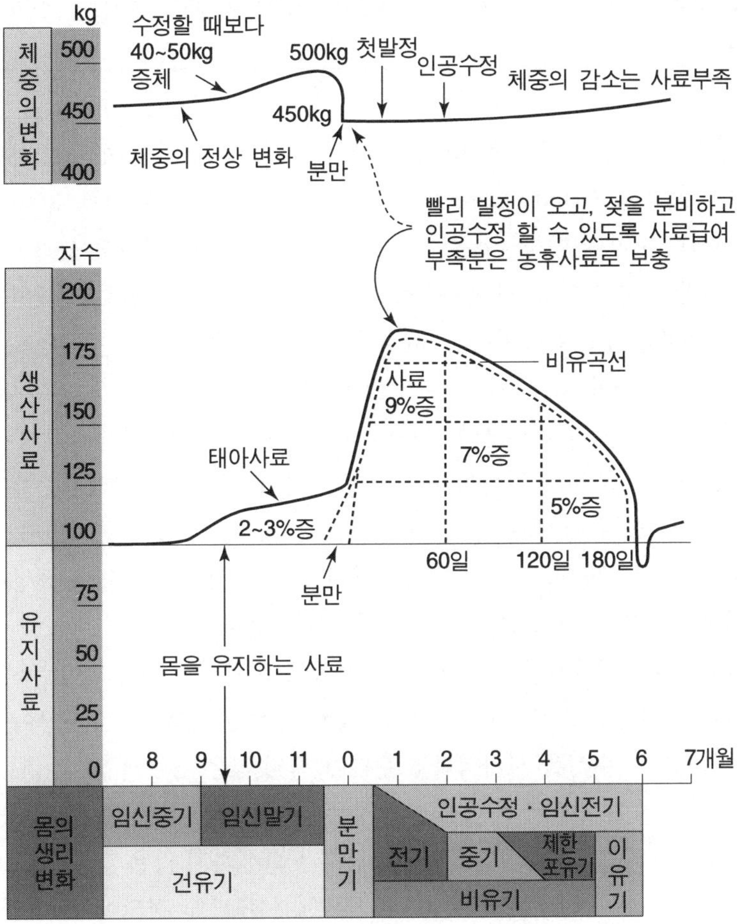

그림 1. 성우의 몸의 변화에 따른 사료급여법

며, 비유량은 2개월 이후부터 4개월까지 서서히 떨어지고 4개월 이후는 급속히 떨어진다. 따라서 비유에 필요한 사료를 분만 후 2개월까지는 유지사료의 9%를 2개월에서 4개월까지는 7%를 증가 급여할 필요가 있다. 이유 후는 어미소의 신체충실도에 따라 사료급여량을 조절한다.

분만 후 40～50일에 임신하면 비유기와 임신초기가 중복된다. 임신초기는 태아의 발육이 느리므로 태아 발육을 위하여 사료를 증가 급여할 필요는 없다. 그러나 이시기에 수정란이 자궁에 착상하여 분열하여 태아의 세포, 뼈 및 장기 등이 만들어지므로 어미소는 영양이 좋아야 한다.

비유기에 증가 급여하는 사료는 젖을 내는 것뿐만 아니라 발정을 잘 일으키게 하고 임신을 위한 생식기능과 임신자궁의 환경을 마들고 임신이 진행하면서 태아가 발육하는 데 중요한 역할을 한다. 임신초기의 양호한 태아의 발육은 당연히 임신말기의 태아의 발육을 촉진하여 태아의 생시체중을 크게 하는데 연결된다.

60. 번식우에 사양표준에 준한 사료를 먹이는 경우 소는 어떤 반응을 보이는가

번식우에 사양표준에 준한 사료를 먹이는 경우 소의 반응은 소의 개체와 사료의 질에 따라 다르게 나타나나 대략 BCS(Body Condition Score, 신체충실도) 3~4를 유지하게 된다. 만일 소의 BCS가 3이하로 나타나면 사양표준보다 낮은 사료가 급여되었다고 생각할 수 있다.

임신한 소는 분만 말기가 되면 체중이 50kg 정도 증가하는데 분만하면 태아와 태반의 만출에 의하여 체중이 50kg 정도 감소한다. 사료효율이 높은 소의 경우에는 사양표준에 준한 사료만 먹고도 임신 중에 체중이 증가하는 경우가 많이 있다. 이런 소는 산육능력이 높은 소로 생각된다. 임신 중에 경제적으로 유리한 사양표준에 준한 사료를 먹여야 한다.

분만 후 비유기간에는 포유로 인하여 체중이 감소하기 쉬우므로 사양표준에 준하도록 사료를 증가 급여하여 체중을 유지해야 한다. 비유량이 적은 소는 체중이 증가한다. 이유하면 영양소의 소비가 감소하므로 체중이 늘어나기 시작한다. 이시기는 임신초기에 해당하는 경우가 많으며, 임신에 의하여 소의 체질이 살이 찌는 방향으로 바뀐다.

분만 후 1개월이 되면 자궁외구는 폐쇄된다. 자궁이 회복되는 데는 분만 후 초산우는 25일 경산우는 27일이 걸린다. 분만 후 첫 발정이 30일 이내에 온 경우 아직 자궁이 완전히 회복되지 않은 상태에 있으므로 수정을 시키더라도 수태가 되지 않은 경우가 많다.

난소에 난포가 발육하여 배란을 동반하는 발정은 경산우에서 분만 후 30일 초산우에서는 이보다 늦은 경향이 있다. 분만 후 첫 발정은 발정징후가 확실하지 않은 경우가 많으며 이때 정상적인 발정을 보이는 소는 경산우에서 24%, 초산우에서는 17% 정도이다. 그래서 분만 후 첫 발정은 알지 못하고 지나는 경우가 많다.

따라서 우리들이 분만 후 첫 발정이라고 인공수정 시키는 발정은 소에게는 두 번째 발정이 되는 셈이다. 발정징후가 확실한 두 번째 발정은 경산우에서는 분만 후 39일(30~47일) 초산우에서는 53일(36~70일)로 보고 있다. 첫 번째 발정과 두 번째 발정의 기간은 짧아 평균 10일 정도이며, 첫 발정 후 16일 이내에 두 번째 발정을 하는 소는 80% 정도이다.

분만 후 표준보다 낮은 사료를 급여하면 발정재귀가 늦어지며, 표준보다 높은 사료를 급여하면 또한 발정재귀가 늦어진다.

발정은 운동, 조기이유 및 산차에 따라 변화가 있다. 소가 운동을 전연 하지 않은 상태에서 관리하면 발정이 늦어진다. 예로 주야로 스탄치온에 계류하면 발정은 분만 후 50~60일로 늦게 온다. 운동을 시키면 보행운동에 의한 물리적 자극에 의하여 오로의 배출과 자궁의 회복이 촉진되며 또한 대사가 활발하게 되어 번식생리 기능이 증진된다. 특히 분만 후 10일간의 운동은 효과가 크다.

한편 조기에 이유하면 번식생리기능이 빨라져 발정이 빨리 온다. 이는 이유에 의하여 영양분의 소모가 감소하여 영양분이 생리를 회복하는 데 쓰여지기 때문이다.

61. 소의 체질은 조절 가능한가

체질에는 눈에 보이는 부분과 보이지 않는 부분이 있다. 소가 살이 찐다는 것은 한 마디로 말하면 몸에 지방이 축적된다는 것이다. 인간을 비롯한 모든 동물은 오랫동안 굶주림과 싸워왔다. 소도 굶주림에 대비하여 먹이가 많을 때는 먹이를 충분히 먹어 에너지를 몸에 저장해 놓는 기저가 있다. 이 에너지가 지방이다. 지방은 단백질보다 에너지가 2.25배 높아 지방이 축적된다는 것은 에너지가 축적된다는 것이다.

이런 기저가 있기 때문에 사료를 많이 주면 자기의 건강을 해칠 정도로 사료를 많이 먹어 지나치게 살이 찐다. 이때 문제가 되는 것은 지방이 지방을 불러일으킨다는 것이다. 소가 살이 찐다는 것은 육성기에 만들어진 지방세포의 하나 하나가 비대해진다는 것이다. 지방세포는 혈액 중의 지방을 끓어드려 비대해져 가는데 일단 비대해지기 시작한 지방세포는 한층 지방을 끓어드린다. 이렇게 눈덩이처럼 지방이 늘어난 소를 지방체질의 살찐 소라 할 수 있다.

지방이 축적되어 살이 찐다는 것이 건강에 해롭다는 것은 소나 인간이나 같다. 중요한 것은 외견상으로는 말라보여도 지방체질이 되는 경우가 있다는 것이다. 지방은 처음의 내장의 여러 기관에 부착하고 이어서 피하에 축적되는 경향이 있다. 살이 찐 소는 피하에 지방이 축적된 소라고 할 수 있는데 마른 것 같으나 내장에 지방이 부착된 소가 있다. 난소에 지방이 끼면 수태가 잘 안 된다. 말라 있으면서도 수태가 잘 안 되는 소는 생식기에 지방이 낀 소가 많다. 마른 지방체질 이라고 할 수 있다.

말랐거나 살이 쪘거나 지방이 축적된 소는 일반적으로 몸에 활력이 떨어져 있다. 활력이 있는 소란 근육과 내장, 뼈와 각 기관이 충실하고 주어진 사료가 지방을 늘리는 데 쓰이지 않고 몸을 만드는 데 쓰이고 있는 소를 말한다. 근육과 내장은 주로 단백질로 되어 있기 때문에 활력이 있는 소는 지방체질이라기보다는 단백질체질이라고 할 수 있다. 그런데 지방체질과 단백질체질로 갈라지는 길은 사료의 내용과 소의 소화방법에 달려 있다.

지방을 늘리는 것은 사료의 에너지이고 그 원료는 주로 탄수화물이다. 곡물 등에 많이 들어있는 탄수화물은 활동 에너지로 사용되고 나머지는 지방을 늘리는 데 쓰인다. 한편 체단백질은 사료의 단백질에서 얻어지는 것인데 사료 중에 단백질이 부족하면 몸의 기관 형성과 임신 중의 태아의 성장 및 분만 후 비유가 잘 안 된다.

따라서 탄수화물과 단백질을 균형있게 급여하면 좋다고 할 수 있는데 소의 사료를 생각할 때 또 하나의 중요한 것이 있다. 그것은 소에는 독특한 소화의 기저가 있는데 이 기저에는 섬유소가 중요한 역할을 하고 있다는 것이다.

소는 주어진 사료의 영양분을 직접 소화 흡수할 뿐만 아니라 제1위에는 많은 미생물이 살고 있는데 이 미생물은 사료의 영양분을 먹으며 소는 이 미생물로부터 영양분을 취한다. 사료 중에 섬유소가 많을수록 유익한 미생물의 수가 늘고 활동도 활발해져 소화흡수가 잘된다.

따라서 사료 내용은 탄수화물, 단백질, 섬유소의 3가지를 보는 것이 매우 중요하다. 사료는 크게 조사료와 농후사료로 나눌 수 있는데 큰 차이는 섬유소의 함량이다. 조사료 쪽이 긴 섬유소가 많다. 조사료와 농후사료는 각각 단백질이 많은 사료와 탄수화물이 많은 사료로 나눌 수 있다. 조사료 중에서 목초나 건초는 단백질이 탄수화물보다 많으며 짚은 탄수화물이 단백질보다 많다. 농후사료 중에서도 쌀겨는 단백질이 탄수화물보다 많으나 옥수수는 탄수화물이 단백질보다 많다.

사료는 탄수화물과 단백질의 균형이 잡혀있으면서 여분의 탄수화물이 없는 섬유소가 많은 사료가 바람직하다. 이런 사료를 소에 급여하면 소는 단백질 체질의 소가 된다.

농후사료 중심(고단백질, 고에너지, 저섬우소)의 사료, 즉 단백질이 많은 사료를 급여한다고 하여 소가 단백질체질이 된다고 할 수 없다. 소의 소화생리는 대단히 복잡한데 단순화하여 설명하면 사료에 함유되어 있는 단백질은 그대로 소화 흡수되는 것이 아니라 제1위에서 일단 발효 분해되어 암모니아가 된다. 미생물은 암모니아를 이용하며 균체단백질은 제4위에서 해체되어 아미노산으로 되어 장에서 흡수된다.

농후사료 중심으로 먹이면 농후사료는 섬유소가 적기 때문에 암모니아를 이용하는 미생물의 역할이 약해진다. 따라서 단백질 - 암모니아의 흐름이 잘 이루어지지 않아 단백질이 소에 잘 흡수가 되지 안는다. 고단백질 사료라고 하더라도 섬유소가 적으면 단백질체질로 잘 연결이 되지 안는다. 한편 농후사료는 에너지가 많으므로 지방이 늘기 쉽다. 농후사료는 지방체질이 되기 쉽게 하는 사료라고 할 수 있다.

이 현상이 더욱 진전되면 소는 이상을 일으키게 된다. 암모니아는 유독하여 빨리 미생물이 이용할 필요가 있는데 고단백질 사료급여로 미생물의 활동이 약해지면 제1위 내 암모니아가 넘치게 된다. 넘친 암모니아는 위에서 흡수되어 간장, 신장으로 돌아가는데 이 양이 신장의 해독처리 능력을 넘으면 체액에까지 들어간다. 심한 경우는 중독증상을 일으키는데 양이 적더라도 몸에 표면에 나타나지 않는 불건강한 상태를 만들게 된다. 이 경우 탄수화물의 소화흡수에도 이상이 생긴다.

탄수화물의 소화흡수에 있어서도 제1위의 미생물은 중요한 역할을 한다. 사료 중의 탄수화물은 미생물에 의하여 분해되어 활동 에너지의 원천이 되는 지방산으로 전환된다. 일반 적으로 섬유소의 함량이 높은 조사료를 많이 먹이면 제1위에서 아세트산이 많이 생성되고 전분이 많이 들어 있는 농후사료를 많이 먹이면 프로피온산이 많이 생성된다. 제1위 내 프로피온산의 농도가 높으면 소는 살이 찌면서 체중이 늘어난다.

따라서 섬유소가 적고 전분이 많은 사료를 먹이면 소는 활력이 떨어지며 살이 찌는 지방체질로 변하며 심하면 병 일보 직전의 불건강한 상태로 된다. 이와 같이 섬유소가 적고 전분이 많은 농후사료 중심으로 소를 먹이면 소는 지방체질이 되면서 이상체질이 되고 만다.

62. 조사료로서 볏짚의 중요성과 급여 방법

1) 볏짚의 중요성

소를 기르는 거세한우 비육농가, 젖소 수소 비육농가, 젖소 착유농가 및 한우 번식우 농가는 어떤 형태로든지 조사료로서 볏짚을 많이 먹이고 있다. 따라서 전국적으로 볏짚의 수요량은 엄청나게 많다고 할 수 있다.

이렇게 볏집을 조사료로서 많이 이용하면서도 볏짚의 중요성에 대하여 제대로 알고 있는 농가는 그리 많지 않은 것 같다. 우선 볏짚의 조성분 함량과 소화율을 보면 표 1과 같다.

표 1. 볏짚의 조성분 함량과 소화율

조성분(%)						소화율(%)		
수분	조단백질	조지방	TDN	조섬유	조회분	조단백질	조지방	조섬유
12.0	4.2	2.1	38.0	28.3	15.1	37.2	38.4	57.5

볏짚은 가소화 영양분총량(TDN)가 38% 함유되어 있어 에너지원으로 귀중한 사료이며 소가 좋아하는 조섬유가 28.3%로 비교적 많이 함유되어 있으며, 이 조섬유의 소화율도 57.5%로 비교적 높다.

한편 볏짚의 물리적 성질은 제1위를 자극하여 반추를 일으키게 하고 볏짚은 제1위에 들어간 사료의 발효를 적당히 억제하여 사료의 소화와 흡수를 도와주는 데 효과가 크다.

농후사료를 위주로 비육을 하는 소에서는 위궤양과 지방간 등 소화기와 장에 여러 가지 장애가 일어나는데 그 원인은 조사료 급여의 부족에 있다. 따라서 볏짚을 주는 것만으로도 이런 장애를 극복하는 데 도움이 된다. 훌륭한 비육우로 마무리하려면 밑 소 입식 후 수개월간 짚을 포함한 조사료를 먹여야 한다. 특히 비육우는 일반적으로 조사료가 부족한 편이며 적어도 하루에 볏짚 2kg 정도는 먹여야 한다.

또한 볏짚은 소에게 만복감을 주는 데 중요한 역할을 한다. 소의 위는 그 용량이 대단히 크므로 농후사료와 양질의 건초만으로는 만복감을 주기에는 너무나 많은 양이 필요하며 비용이 많이 든다. 이런 측면에서 볏짚은 만복감을 채워주는 값싼 사료라 할 수 있다.

최근 볏짚의 가격이 비싸 볏짚 대신 티엠알 사료를 급여하는 농가가 늘어나고 있으나 이것으로 대치하기에는 어려운 것으로 생각된다.

2) 볏짚의 급여 방법

(1) 묶은 볏짚

벼 수확 때 볏단으로 묶은 볏짚을 먹이는 것이다. 1단의 무게가 15kg 내외가 되므로 운반하기가 편리하다. 볏짚이 적당한 길이로 잘라져 있으므로 절단하지 않고 그대로 급여해도 별 낭비 없이 먹일 수 있다. 볏단의 무게를 알면 1일 1두 급여량의 대략적인 조절도 가능하다.

(2) 원형 곤포 생 볏짚 사일리지

벼 수확 직후 곤포기를 이용하여 생 볏짚을 비닐로 곤포하여 사일리지 형태로 볏짚을 먹이는 것이다. 곤포한 덩어리를 운반하는 데는 운반기가 필요하다. 원형으로 곤포한 볏짚 사일리지는 곤포 후 40일 정도 지나면 가축에게 먹일 수 있다. 원형 곤포 덩어리를 급여장소로 옮긴 다음 두루 마리를 펼쳐 먹게 할 수 있다. 또한 초가에 넣어 자유로 먹이거나 급여 기간을 제한하여 먹일 수 있다. 사일리지를 절단하여 급여할 수도 있다.

(3) 암모니아 처리 볏짚

볏짚을 암모니아 가스로 처리하여 사료가치를 높여 급여한다. 암모니아 처리한 볏짚은 표 2와 같이 조단백질과 TDN 함량이 향상되며 섭취율과 소화율이 향상된다. 암모니아 처리 후 1～8주 후면 먹일 수 있다.

표 1. 암모니아 가스 처리한 볏짚의 사료가치

구 분	조단백질(%)	TDN(%)	소화율(%)	섭 취 율	
				한 우	젖 소
무 처 리	4.2	37.5	47.2	100	100
암모니아 처리	11.2	46.4	55.9	126	118

63. 사료급여에 의한 주간 분만유도

안늬 등(1982)은 소의 분만율은 아침 7시～저녁 7시가 51.5%, 저녁 7시～아침 7시가 48.5%로 낮과 밤간에 차이가 없다고 보고하였다. 사람이 소를 관리할 수 있는 시간대인 아침 6시에서 밤 10시 사이에 대부분의 어미소가 송아지를 분만하도록 유도가 된다면 다음과 같은 이점이 있다.

① 어미 소가 난산할 때 그 조치를 취할 수 있다.
② 분만한 송아지의 관리가 편하다.
③ 어미소가 분만한 송아지를 잘 돌보도록 할 수 있다.
④ 분만한 소와 분만한 송아지를 돌보기 위하여 밤잠을 설치는 일을 줄일 수 있다.
⑤ 송아지를 돌보지 못해 송아지가 죽는 일을 줄일 수 있다.

로우만 등(1981)은 육우에 분만예정일 14～30일 전부터 조사료와 농후사료를 하루 한 번 밤 10시에 급여했을 때 주간(5 : 00～21 : 00) 분만율이 농가에 따라 약간 차이는 있었지만 76～90%로 대조구 53～67%보다 훨씬 높았다고 보고하였다. 일본의 가고시마(1994)는 화우에 하루 한 번 오후 6～9시에 사료를 급여했을 때 주간(6 : 00～21 : 00) 분만율은 84%로 대조구 61.9%보다 훨씬 높았다고 보고하였다. 일본의 구보다(1994)는 같은 방법으로 사료를 급여했을 때 주간 분만율은 육우 84.0%, 젖소 82.9% 였다고 보고하였다.

이들 보고를 근거로 국립축산과학원의 임석기 등(1997)은 한우에 농후사료와 조사료를 하루 한 번 야간(17 : 00～19 : 00)에 급여했을 때 주간(6 : 00～21 : 00) 분만율이 높아졌다고 보고하였다.

대조구는 농후사료와 조사료를 오전 8～9시, 오후 5～6시 2회 급여하였으며, 시험구는 농후사료와 조사료를 분만예정 14일전부터 하루에 한 번 오후 5～7시에 급여하고, 다음날 아침 8～9시에 남은 사료를 제거했는데 주간(6 : 00～21 : 00) 분만율은 표 1과 같았다.

표 1. 사료급여 방법이 주간 분만율에 미치는 영향

처 리	분만두수	주간 분만두수	주간 분만율(%)
대 조 구	257	153	59.3
시 험 구	218	174	79.8

주간 분만율은 시험구가 79.8%로 대조구 59.3%에 비하여 훨씬 높았다. 임석기 등(1997)은 사료급여 시간이 주간 분만율에 미치는 영향을 검토하였는데 그 결과는 표 2와 같다.

주간 분만율은 급여시간간에 차이가 없었다.

표 2. 사료급여 시간이 주간 분만율에 미치는 영향

급여시간	분만두수	주간 만두수	주간 분만율(%)
17 : 00	26	22	84.6
19 : 00	53	46	86.9
21 : 00	79	66	83.5

임석기 등(1977)은 야간급여 개시시기가 주간 분만율에 미치는 영향을 검토하였는데 그 결과는 표 3과 같다.

표 3. 야간급여 개시시기가 주간 분만율에 미치는 영향

개시시기	분만두수	주간 분만두수	주간 분만율(%)
분만전 14일	81	68	84.0
분만전 7일	79	66	83.5

주간 분만율은 분만 전 14일과 7일간에 차이가 없었다. 그러나 분만예정일 전에 분만하는 경우를 고려하여 야간급여 개시시기는 분만예정일 전 7일보다 14일이 바람직하다.

이상의 임석기 등(1997)의 시험결과를 토대로 했을 때 분만예정일 14일전부터 저녁 5~9시 사이에 하루에 한 번 농후사료와 조사료를 급여하면 주간 6：00~21：00시 사이에 평균 80% 이상의 분만율을 유도할 수 있다고 결론 지울 수 있다.

하루 한 번 야간에 사료를 급여했을 때 주간 분만율이 높아지는 기작에 대하여는 현재 이론적으로 설명을 하지 못하고 있으나 여러 학자들의 실험에 의하여 하루 한 번 야간에 사료를 급여하면 주간 분만율이 높아진다는 것은 입증된 사실이다.

사료급여 방법에 의한 주간분만유도는 현재 한우사육 농가들이 많이 활용하고 있는데 그 방법은 농가에 따라 약간의 차이가 있는 것으로 알려져 있다. 사료급여 방법에 의한 주간분만 유도는 하루에 사료를 1회만 주므로 사료급여에 소요되는 노력을 줄이는 이점도 있다.

64. 치아에 의한 나이 감정법

치아에 의한 나이 감정은 암·수 공히 이용할 수 있다. 치아에 의하여 나이를 감정하려면 치

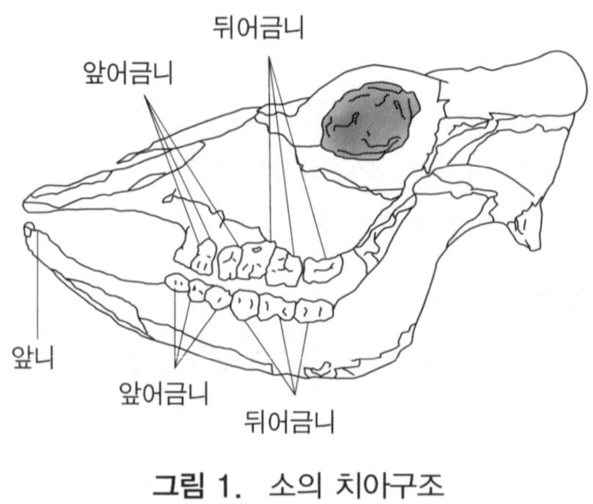

그림 1. 소의 치아구조

아의 종류와 위치 그리고 영구치가 나오는 시기를 알아야 한다.

그림 1과 같이 소의 이는 앞니, 앞어금니, 뒤어금니로 되어 있다. 앞니는 아래턱에만 있고

앞어금니와 뒤어금니는 위와 아래턱 양쪽 모두에 있다. 송아지는 출생당시 젖니를 가지고 있다. 나이가 들면서 젖니가 빠지고 영구치가 나오게 된다. 젖니는 앞니 8개, 앞어금니 아래턱 좌우 6개와 위턱 좌우 6개, 모두 20개로 뒤어금니가 없다. 영구치는 앞니 8개, 앞어금니 12개, 뒤어금니아래턱 좌우 6개와 위턱 좌우 6개, 모두 32개로 되어 있다.

영구치가 잇몸을 뚫고 나오는 것을 맹출(萌出)이라고 하는데, 특히 앞니, 앞어금니와 뒤어금니의 맹출시기로 나이를 감정한다. 영구치의 맹출시기와 연령은 표 1과 같다.

표 1. 영구치의 맹출시기와 연령

치아의 종류	맹출 연령(월령)
첫 번째 앞니	18 ~ 24
두 번째 앞니	24 ~ 30
세 번째 앞니	36
네 번째 앞니	42 ~ 48
첫 번째 앞어금니	24 ~ 36
두 번째 앞어금니	18 ~ 30
세 번째 앞어금니	30 ~ 36
두 번째 뒤어금니	12 ~ 18
세 번째 뒤어금니	24 ~ 30

젖니 앞니는 영구치 앞니에 비해 매우 작다. 젖니 앞니의 둘레는 영구치 앞니에 비해 좁으며 젖니 앞니는 잇몸 선에서 나와 있다. 영구치는 젖니에 비하여 크고 모양이 다르며 턱의 넓이도 크다.

앞니의 영구치는 그림 (1)~(6)에서 보는바와 같이 첫 번째, 두 번째, 세 번째 및 네 번째의 순서와 모양으로 나온다.

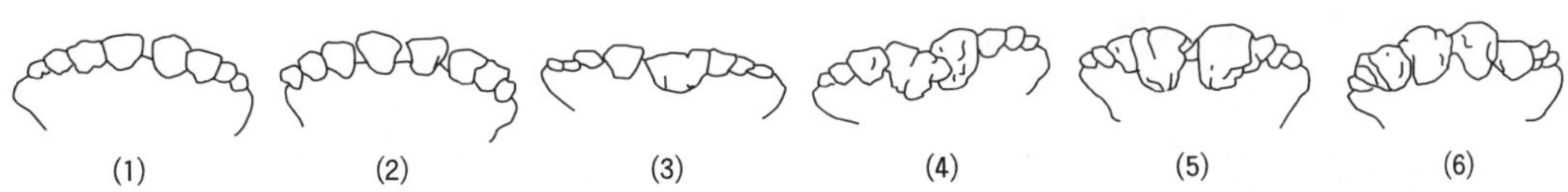

그림 1. 치아의 모양

1) 14개월령

그림 (1)은 14개월령의 앞니로 8개의 젖니를 모두 가지고 있다. 젖니 4쌍은 모두 단단히 박혀 있다. 치아는 짧고 넓적하며 대체로 밝은 계란 색을 하고 있다. 첫 번째 앞니 사이는 대체로 벌어져 있다. 나머지 앞니들은 안쪽으로 서로 닿아 있다.

2) 15～18개월령

그림 (2)는 15～18개월령의 앞니이다. 나이가 들면서 젖니들은 조금씩 느슨한 상태로 된다. 특히 두 번째 앞니 사이가 느슨해진다. 치아는 점점 길어지고 좁아지며 위 부분이 닿지 않게 된다.

3) 18～24개월령

그림 (3)～(5)는 18～24개월령의 앞니로 첫 번째 영구치가 나와 있는 상태이다. 영구치가 나오면서 젖니는 빠지거나 남아 있을 수 있다. 첫 번째 영구치는 그림 5에서 보듯이 비뚤게나며 자라면서 그림 (5)와 같이 똑바르게 위치하게 된다.

4) 24～30개월령

그림 (6)에서처럼 두 번째 영구치 앞니가 나와 있으면 24～30개월령이다.

5) 36개월령

세 번째 영구치 앞니가 나와 있으면 36개월령이 되었다는 것을 의미한다.

6) 42개월령

네 번째 영구치 앞니가 나왔다는 것은 적어도 42개월령이 되었다는 것을 의미한다.

7) 42개월령 이상

영구치의 앞니가 마모된 것은 42개월령 이상이 되었다는 것을 의미한다.

어금니의 마모상태가 타원형일 때는 6세, 부정형일 때는 약 8세, 둥근 모양인 때는 9～11세, 종타원형일 때는 약 13세로 추정된다.

앞어금니나 뒤어금니의 맹출시기로도 월령을 감정할 수 있으나 관찰하기가 불편하므로 앞니를 주로 이용하여 나이를 감정한다.

65. 후산(태반)은 먹여도 좋은지 나쁜지

분만 후 3~4시간 사이에 가벼운 진통이 동반하면서 후산이 배출된다. 돌보지 않으면 어미소는 모르는 사이에 후산을 먹어치운다. 방목장에서 분만하는 경우 후산을 먹어치우는 소가 많다. 어미소가 후산을 먹어치우는 것은 다분 본능적이다. 야생동물의 대부분은 후산을 먹어치우는데 이는 후산이 피우는 비린내가 육식동물을 유인하여 육식동물에 의하여 분만한 새끼가 잡아먹히는 것을 방지하려는 의도가 숨겨져 있다.

분만실에서 분만한 경우에도 어미가 후산을 먹어치우는 경우가 허다하다. 후산을 먹는 다른 이유의 하나는 태반에 포함되어 있는 호르몬이 비유에 도움이 될 것이라는 것이다. 후산을 잘못 먹으면 목에 걸려 죽는 예도 있으며, 소화불량으로 식욕감퇴를 일으키는 소가 많다고 한다.

후산을 먹이는가 제거하는가는 관리자의 마음이지만 일반적으로 꺼내 땅에 묻는 경우가 많다. 깔짚이 적어 분뇨로 오염된 후산을 먹이면 좋지 않은 것은 당연하다. 후산을 확인하는 차원에서도 후산에 신경을 쓰고 있다가 후산이 나오면 바로 꺼내어 땅에 묻는 것이 바람직하다. 소는 반추동물이므로 육식을 하는 것은 소화생리에도 바람직하지 못할 것이다.

66. 소를 다루는 요령

소를 기르다보면 여러 가지 경우에 따라 소를 다루게 된다. 소를 다루다보면 소를 다루는 요령이 생기게 마련이지만 소를 다루는 요령을 미리 알아두면 소를 잘 다루는 데 도움이 된다. 번식우를 기르는 경우는 인공수정을 하기 위하여 소를 보정해야 할 필요가 생긴다. 우사에 고정스탄치온이 있는 경우는 농후사료나 볏짚으로 잡으려는 소를 유인하여 소가 스탄치온에 들어오면 소를 보정할 수 있다. 소는 개체에 따라 개성이 틀려 스탄치온으로 유도해도 겁을 먹거나 의심을 품고 스탄치온에 접근하지 않거나 들어오지 않는 소가 있다. 이런 경우에는 고삐를 목에 걸어 소를 잡은 뒤 소를 적당한 곳에 보정해야 한다.

우사에 있는 소에 고삐를 목에 거는 것은 요령과 인내가 필요하다. 어느 소의 목에 고삐를 걸려할 때 쉽게 걸 수 있는 소가 있는가 하면 도망을 다녀 걸기 힘든 소가 있다. 이럴 때는 큰소리를 내어 소를 윽박질하지 말고 부드럽게 말을 걸어 안심을 시키면서 인내를 가지고 잘 몰아 목에 고삐를 걸어야 한다. 소는 처음에 심하게 도망을 다니다가 인내를 가지고 시도하면 고삐를 거는 데 협조를 받아낼 수 있다.

일단 고삐가 목에 걸리면 줄을 길게 늘어뜨려 주었다가 차츰 차츰 고정할 장소로 유도하여 줄을 쇠파이프에 감은 후 소가 긴장을 풀 때 조금씩 조금씩 잡아당겨 고정한다. 고삐를 풀어주려 할 때도 풀어 주려고 목의 줄을 잡으려하면 두려워하여 거부반응을 보인다. 그러나 부드럽게 말을 걸면서 풀어주려고 한다는 것을 보여주면 소는 고삐를 풀 수 있도록 협력을 해준다. 소도 얌전히 해야 고삐가 풀린다는 것을 배우게 된다.

소를 기르다보면 예방접종 또는 치료를 위하여 주사를 놓는 경우가 있다. 소를 보정하여 주사를 놓을 때 긴장한 소는 사람이 주사를 놓으려 접근했을 때 개체에 따라서는 발길질을 하는 소가 있다. 따라서 소를 기르는 사람은 평소에 소의 개성을 파악해 놓을 필요가 있다. 신경이 예민해 발길질하는 소는 주사를 놀 때 발에 채이지 않도록 각별히 주의할 필요가 있다. 주사바늘을 엉덩이에 찌르기 전 소에게 부드럽게 말을 걸어 안심을 시키고 주사바늘을 엉덩이에 찌른다. 주사바늘에 주사기를 낄 때와 주사를 놀 때도 마찬가지로 부드럽게 말을 걸어 안심을 시킨다. 주사경험이 없는 젊을 소들은 주사 놓는 것을 두려워하여 주사 놓을 때 반항을 하려한다. 그러나 여러 번 주사를 맞아본 경험이 있는 소들은 부드럽게 말을 걸어 주사를 놓으려하면 마지못해 협력을 한다.

임신감정을 할 때도 마찬가지이다. 물통과 비누를 가지고 접근하여 팔에 비누칠을 하고 한 손으로 꼬리를 처 들면 싫다고 엉덩이를 좌우로 피하나 부드럽게 말을 걸고 협조를 구하면 응해준다. 일단 손이 홍문 안으로 들어가면 협조를 받아낸 것이나 다름없다. 산차와 임신감정을 거듭할수록 소는 협조하는 경향이 있다.

소를 쉽게 다루려면 축주는 송아지 때부터 송아지와 친숙한 관계를 갖도록 하는 것이 필요하다. 축주가 우사에 접근하여 손을 내밀면 호기심이 있는 송아지들은 접근하여 냄새를 맞고 혀를 내민다. 그 때 냄새를 맞게하고 핥는 것을 허용하면 친숙해지기 쉽다. 핥을 때 머리나 목을 긁어주어 점점 친숙해지면 그 후는 머리와 목을 긁도록 허락하며 친해진다.

성질이 온순하고 품성이 좋은 소들은 축주에게 접근하여 긁어 달라고 쓰다듬어 달라고 요구한다. 이런 소들에게는 사랑을 전달할 수 있으며 다룰 때 협조를 받아내기가 쉽다.

5~6개월 된 송아지를 판매하기 위하여 송아지를 차에 싫을 때도 송아지를 다루는 요령이 필요하다. 송아지의 양옆을 천막으로 가리고 차 쪽으로 앞을 터놓고 뒤에서 천천히 몰면 갈 곳이 없는 송아지는 발판을 밟고 차에 올라간다.

소도 상당한 IQ가 있어 축주를 알아보며 축주의 음성도 알아챈다. 그래서 평소에 소에게 말을 걸어 소를 다루는 훈련을 시키면 어느 정도 소를 다룰 수 있게 된다. 소가 서로 싸울 때 약간 언성을 높여 쌈을 말리곤 하면 소가 싸우는 것을 말릴 수 있으며, 이름을 불러낼 수도 있다.

소를 다루는 요령은 소에 두려움을 갖지 않도록 안정시키고 친숙한 관계를 형성하는 것이다.

67. 한우 암소와 일본 흑모화우의 암소, 수소, 거세우의 월령별 체중

월령별 한우 암소의 체중을 아는 것은 월령별 농후사료와 조사료의 급여량을 정하며 교배적령을 정하는 데 중요하다. 한우 암소의 월령별 표준체중을 알므로 농가가 기르고 있는 암소들이 표준체중에 도달해 있는지를 파악할 수 있다. 발육이 표준보다 떨어지고 있는 암소들에게는 현재 급여하고 있는 양보다 더 많은 농후사료와 조사료를 급여해 주어야 할 것이다.

여기에 한우 암소와 일본 흑모화우의 암소, 수소, 거세우의 월령별 체중을 제시하였다. 48개월령의 성숙한 암소의 체중은 화우가 한우보다 약 150kg 크다. 그리고 성성숙에 도달하는 연령은 한우가 40개월령으로 화우의 28개월령보다 12개월 늦다. 한우는 화우보다 천천히 자라는 것을 알 수 있다.

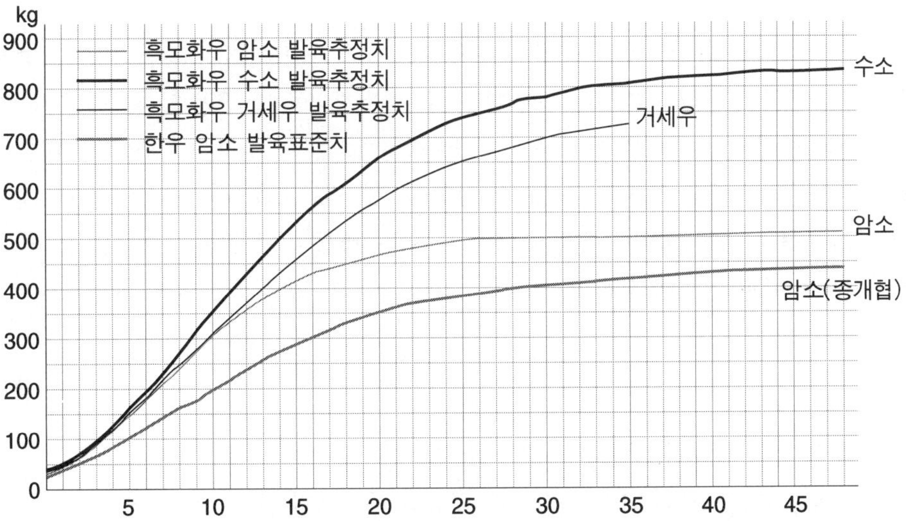

그림 1. 한우 암소와 일본 흑모화우의 암소, 수소, 게세우의 월령별 체중
(한국종축개량협회제공. 2003. 1)

1) 건강 정보

(1) 매일 물을 충분히 자주 마시면 여러 가지 병을 예방할 수 있다

현대사회에서는 물을 자주 마실 기회가 없는 경우가 많다. 나이가 많아지면 체내의 수분이 감소해가므로 고령이 될수록 물을 많이 마시도록 마음가짐을 가져야 한다. 나이든 사람 중에는 자기 전에 물을 마시면 밤중에 자주 변소에 가게 된다고 자기 전에 물을 마시는 것을 기피하는 사람이 있다. 그러면 밤중에 자고있는 사이에 오줌이 진해지기 쉽다. 그래서 오줌을 희석하려

고 체내수분을 오줌으로 보내므로 탈수증을 일으키는 경우도 있다.

그렇게 되면 혈압이 올라가고 혈액이 진하게 되어 뇌 혈전과 심근경색을 일으키기 쉽다. 자기 전, 밤중, 소변보러 갈 때, 아침에 일어나자마자 가능하면 물을 마시도록 마음가짐을 갖는 것이 좋다.

추울 때 목욕탕에서 뇌경색과 심근경색의 발생은 온도차의 영향과 함께 체내 수분부족이 원인이 되고 있다. 물은 혈관계의 병뿐만 아니라 그 외 여러 가지 병을 예방하는 데 도움이 된다.

물을 자주 마시면 목구멍 점막에서 세균을 제거하여 감기의 감염을 예방하고 요도를 깨끗이 하며, 요로결석과 방광염 등을 예방한다. 가장 가까운데 있는 물이야말로 실은 불로장수의 약이다.

68. 개방우사에서 번식우 다두사육

번식우를 기르는 방법에는 한 우방에서 3～5두를 수용하여 기르는 방법과 한 개방우사에서 20～30두의 다두를 수용하여 기르는 방법이 있다. 필자가 2004년 8월 일본 가고시마현의 마꾸라사기 지방의 번식우와 비육우 목장을 견학했을 때 대부분의 목장이 번식우는 개방우사에서 20～30두를 다두사육하고 있는 것을 볼 수 있었다. 필자도 소규모이기는 하나 한 개방우사에서 번식우 20두를 사육하고 있어 경험을 토대로 어느 방법이 좋으냐 나쁘냐를 떠나서 개방우사에서 번식우 다두사양에 대하여 기술한다.

1) 이 점

① 한 개체 당 운동하는 공간이 넓어 충분한 운동이 가능하다.
② 우방을 만들지 않으므로 칸막이하는 데 필요한 파이프와 급수조가 적게 든다.
③ 발정이 온 소를 올라타 주는 소들이 여러 마리이므로 발정을 발견하기가 쉽다.
④ 송아지만 들어가는 방을 한 곳에 만들어 놓으면 여러 마리의 송아지가 그 방에 들어가 자유로 쉬고 먹고 물을 마실 수 있다.
⑤ 우사의 공간이 확 튀어있어 톱밥을 넣고 구비를 치우기가 쉽다.

2) 단 점

① 사료급여시 소들간에 경합이 생겨 못 얻어먹는 개체가 생긴다.
② 포유하는 송아지가 많을 경우 다른 어미소의 젖을 빠는 송아지가 생기며, 이로 인하여 젖을 못 얻어먹는 송아지가 생긴다.
③ 서로 다투는 일로 소가 상해를 입을 수 있다.

④ 분만실이 별도로 필요하다.
⑤ 공간이 넓어 소를 잡기가 힘들다.

3) 보완사항과 보완시의 이점

① 자동목걸이를 설치한다.

자동목걸이를 설치하면 사료를 줄 때 개체간의 경합을 억제하여 모든 개체에 골고루 사료를 먹일 수 있으며 개체 사양이 가능하고, 훈련을 잘 시키면 먹이로 소들을 유인하여 필요시 소를 보정할 수 있다.

② 분만사를 따로 설치한다.

두수에 비례하여 여러 개의 분만사를 설치하여 분만시 한 분만사에 1~2두를 수용하여 분만 후 2~3주간 송아지를 어미와 같이 있게 하면 모자관계가 끈끈해져 모자를 원 우사에 돌려보냈을 때 어미가 송아지를 잘 돌보며 다른 송아지가 젖을 빠는 것을 거부한다.

69. 옥수수 사일리지는 어떻게 만드는가

사일리지(silage) 또는 엔실리지(ensilage)라고도 하며, 우리말로는 매초(埋草) 또는 매장사료(埋藏飼料)라고 한다. 옥수수 사일리지란 옥수수 대를 짧게 절단하여 사일로(silo)에 충전하여 유산균 발효를 일으켜 부패분해균 등 불량 잡균의 번식을 억제하여 매장사료로 장기 보존하는 것을 말한다.

1) 장 점

① 사료가치가 높고 양분 수량이 최대인 시기를 택하여 안전하게 저장할 수 있으며, 작은 공간에 많은 양의 재료를 저장할 수 있다.
② 다즙의 상태로 연중 저장이 가능하므로 겨울철 생초가 없는 시기에도 생초에 가까운 다즙질의 사료를 급여할 수 있다.
③ 기호성이 높고 영양 손실이 적으며 가시부를 증가시킨다.
④ 조제와 급여에 기계화가 쉬우므로 노력이 적게 든다.

2) 단 점

① 사일로 건조, 수확기, 절단기, 운반기 구입 등 경비가 많이 든다.

② 운반과 취급에 노동력이 많이 든다.
③ 수확의 노력이 2～3일간에 집중된다.
④ 수확기와 우기가 겹치면 옥수수대가 쓸어져 수확작업이 어려워지며, 양분 손실이 많아지고 수확량이 감소한다.

3) 사일리지의 조제

(1) 옥수수의 예취적기

예취적기는 가용성 탄수화물의 함량이 높고 단위면적당 가소화양분 수량이 최고에 달하였을 때인데, 아래 잎이 갈색으로 변하고 종실이 딱딱해지는 황숙기이다. 이때는 수분 함량도 70% 내외로 적당하며 예건의 필요성이 없다.

미숙한 옥수수는 양분수량이 적을 뿐만 아니라 당분의 함량이 낮아 양질의 사일리지가 되지 못한다. 유숙기에는 단위면적당 생초수량은 최고이지만 건물수량은 황숙기에 2/3 밖에 되지 않는다. 반면에 너무 성숙하면 건물수량은 많으나 섬유가 증가하여 소화율이 떨어지기 때문에 가소화양분 수량이 오히려 감소하며, 잎이 고사하여 건물수량이 떨어진다.

(2) 재료의 절단

재료를 가능한 한 짧게 절단하는 것이 좋다. 옥수수대를 1～2cm로 절단하면서 눌러 부수어 준다. 이렇게 하면 압착이 잘되어 공기 배제가 잘되므로 사일로 내를 빨리 혐기적 상태로 만들어 재료의 호흡작용을 억제하고 온도의 상승을 방지하여 양분손실을 적게 하며 유산 발효를 촉진한다. 재료를 세절하여 눌러 부수어 주므로 당분이 함유된 즙액의 삼출을 좋게 하여 유산균의 번식을 빨리 활발하게 한다. 유산균이 번식하면 pH가 내려가 불량균의 번식이 억제된다. 재료를 세절 압착하면 사일로에 많이 충전할 수 있고 취급이 용이하며 답압하기 쉬워 작업능률이 오른다.

(3) 재료의 충전과 답압

재료를 충전할 때는 고르게 펴고 충분히 답압해야 한다, 답압의 목적은 재료를 압착하여 공기를 배제하고 즙액의 삼출을 촉진하여 용적을 줄이는 데 있다. 사일로의 벽에 닿는 부분은 압착이 잘 안되므로 유의하여 잘 답압해야 한다. 또 사일로 위에 가까운 부분은 재료 자체의 무게에 의한 압력이 부족하므로 충분히 잘 답압해야 한다. 트렌치 사일로의 경우는 트랙터의 바퀴를 이용하여 충분히 잘 답압할 수 있다.

(4) 피복과 누름

충전이 끝나면 벽 쪽을 돌아가면서 잘 답압하고 중앙부를 높게 하여 비닐로 덮는다. 피복의 목적은 재료가 공기와 접촉하는 것을 막고 호흡작용으로 생긴 탄산가스를 놓치지 않고 보존함으로써 사일로 내를 빨리 혐기적 상태로 만들어 유산발효를 촉진하며, 표면 부패에 의한 폐기량을 적게 하는 데 있다. 피복을 한 다음에는 흙이나 타이어 등으로 눌러 공기의 배제와 액즙의 삼출을 돕는다.

(5) 사일리지의 급여

사일로에 재료를 충전하여 1～2일 후면 발효가 시작되고 보통 1주일 후면 발효가 최고조에 달하였다가 서서히 쇠퇴하여 30～40일 후면 사일리지는 성숙하여 급여할 수 있게 된다. 피복을 벗기고 사일리지를 파서 먹이기 시작하면 1회에 6～10cm 이상 파서 먹여야 표면의 변패를 방지할 수 있다.

70. 어떤 물이 좋은 물인지

물이 오염되었다고 하여 먹는 물로 사람들은 수돗물보다는 정수 아니면 생수를 선호한다. 한우를 기르는 농가는 도시근교를 제외하고 한우에게 대부분 수돗물 대신 지하수를 먹이고 있다. 지하수는 어떤 물이 좋은 물인지. 한 번 마신 물은 몸 밖으로 배출되기까지 약 90일간 체내에 머무르며 노폐물을 제거하고 산소와 광물질을 공급한다.

1) 좋은 물은 적당량의 광물질을 함유하고 있어야 한다

물의 맛을 결정짓는 요소는 여러 가지가 있지만 그 중에서도 빼놓을 수 없는 부분이 광물질 함량이다. 어떤 광물질을 얼마나 함유하고 있는가에 따라 물맛이 천차만별로 변하기 때문이다. 철을 많이 함유한 물은 신맛이 나고, 칼슘이 많이 있는 물은 찝찔한 맛이 있는가 하면, 같은 물이라 해도 계절과 강수량에 따라 미세한 광물질 함량의 차이로 물맛이 변하게 된다. 좋다는 정수를 마다하고 굳이 생수를 찾는 이유도 이런 광물질 함량과 관계가 없지 않다. 기존 역삼투압 방식의 정수기는 광물질마저 걸러내 물맛을 떨어뜨릴 수 있다. 지하수는 땅으로 스며드는 동안 깨끗하게 자연 정화되며, 암반의 여러 광물질을 녹여 이온의 상태로 함유하고 있으므로 이 광물질들은 몸에 쉽게 흡수되며 물의 맛을 더욱 좋게 한다.

2) 물분자(클러스터)가 작을수록 맛이 부드럽고 노폐물 배출에도 용이하다

한 잔을 마셔도 맛이 부드럽고 갈증이 깨끗이 해소되는 물이 있는가 하면, 꺼끌꺼끌하고 배만 부를 뿐 갈증을 해소시켜주지 못하는 물이 있다. 그 차이는 바로 물 분자, 즉 클러스터의 크기에서 원인을 찾을 수 있다. 클러스터가 작은 물은 물맛이 부드럽고 체내에 빠르게 흡수되어 신속하게 갈증을 해소해주며, 몸에 구석구석까지 침투해 노폐물 배설을 촉진시켜 체질개선을 도와준다. 또 클러스터가 작은 물은 원재료의 성분을 이끌어내는 용출력이 뛰어나기 때문에 사료 중에 함유되어 있는 영양성분을 용출하는데도 유리하다.

3) 몸에서 잘 받아들일 수 있는 성질을 가지고 있어야 한다

육각수, 즉 물의 분자가 6각 고리를 형성하고 있을 때 물 맛이 시원하고 몸에도 좋다. 몸 속의 물은 약 62%가 6각형 고리, 24%가 5각형 고리, 14%가 기타의 구조로 되어 있으며, 육각수는 물로써 몸이 가장 좋아하고 필요로 하는 성질이다. 물은 이밖에도 체액과 같은 중성을 띠고 있어야 하며, 질병과 노화의 원인인 활성산소를 제거하는 활성수소를 풍부하게 가지고 있어 몸에서 거부하지 않고 자연스럽게 받아들일 수 있어야 마시기도 좋고 몸에서도 좋은 역할을 하게 된다.

71. 번식목장의 경영합리화 방안

번식목장의 경영을 합리화하려면 자금과 노동력을 효율적으로 사용해야 한다. 자금과 노동력을 어디다 어떻게 집중적으로 사용할 것인지를 잘 판단해야 한다. 다두 사육농가는 흔히 자금을 너무 농기구에 많이 투자하여 경영을 어렵게 하는 경우가 많다. 대부분의 농기구는 연중 쓰여지는 기간이 한정되어 있으며, 그 외 기간은 놀리는 경우가 많다. 이런 농기구에 대하여 감가상각비를 생각해볼 필요가 있다. 감가상각비로 조사료를 구입하여 소를 먹이는 것이 합리적인지를 생각해볼 필요가 있다.

우사를 건축할 때도 마찬가지이다. 자금을 많이 투입하여 훌륭한 우사를 마련하는 것은 좋은 일이나 우사를 건축할 때 투자한 자금이 얼마 후 어떻게 환수될 수 있는지를 생각해 보아야 한다.

번식 경영에서 돈을 벌어주는 것은 소이다. 번식우는 관리가 잘되어야 송아지를 생산한다. 따라서 자본은 소에 투자되어야 한다. 소의 개체관리를 철저히 하면서 소의 마리 수를 늘리는 것이 경영을 합리화하는 길이다.

생산비 중에서 큰 비중을 차지하는 사료비를 절약하기 위하여 조사료생산에 힘을 기울이다 보면 소를 돌볼 시간이 부족하게 되기 쉽다. 이 때문에 번식성적이 떨어지고 송아지의 발육이 나빠지며 오히려 생산비가 높아져 경영이 악화된다. 특히 다두사육하는 경우는 번식우와 송아지를 돌보는 데 많은 시간이 소요되는데 시간을 조사료 생산에 많이 쓰다보면 소를 돌볼 시간이 부족하게 된다. 소는 잘 돌보면 돌볼수록 좋아지고 좋은 결과를 가져다준다. 따라서 관리자는 매일 관리시간을 늘려 개체관리를 철저히 해야 한다.

최근에는 다두화가 진행됨에 따라 소에 의한 수입이 많은 농가가 늘어났으며 이런 농가는 벼농사를 그만두고 소를 전문으로 기르는 전업농가가 되었다. 이와 같은 경영형태가 되면 소를 대충 적당히 관리하게 되기 쉬우며, 이렇게 되면 경영이 부실해진다. 경영은 장래를 바라보고 소를 만들어가야 하며 경제 감각을 가지고 소를 길러가야 한다.

앞으로 사료급여에 대하여 생각을 바꾸어야 한다. 장기간에 걸쳐 급여한 사료의 양과 질이 그 결과로 나타난다. 그 결과가 번식장해로 나타나면 되돌릴 수 없는 경우가 된다. 농후사료를 중심으로 한 가지 조사료만으로 장기 급여한 경우는 소들이 비육되어 번식장해 문제가 생긴다.

한우는 몸을 유지하는 데는 많은 양분이 필요 없으며, 특히 운동장이 좁은 우사에서 기르던가 겨울에 야외에 내놓지 않은 경우는 영양분이 그리 많지 않아도 된다. 그러나 사료의 급여량은 정확히 해야 한다. 대충 급여하면 소는 살이 쪄 암소는 번식성적이 나빠지고 송아지는 발육이 나빠진다. 때때로 체중과 흉위를 재고 BCS(신체충실도)를 조사하여 사료의 급여량을 조절해 나가야 한다.

경영이 불합리한 농가는 두수에 비하여 우사의 면적이 좁고, 산차가 높은 소가 많고, 노동력에 비하여 두수가 많은 유형이 많다. 두수에 비하여 우사가 좁을 경우에는 송아지의 발육이 나빠지고 사고가 나고 하여 손해를 보는 경우가 많다. 우사의 면적은 소에 있어서 중요하다. 우사는 소에 스트레스를 주지 않는 호적한 면적이 필요하다. 안정적으로 경영하려면 사육두수의 20～30% 여유 있는 우사의 면적을 확보할 필요가 있다.

경영을 합리화하려면 무엇보다도 번식성적, 포유능력, 산육능력이 좋은 번식우를 사육하는 것이 중요하다. 최근 소는 우사에서만 기르는 경우가 많으며 사육방법도 많이 달라져 공용연수가 짧아 졌다.

생산비를 절감하기 위하여 다두화 하여 힘을 기우려 경영을 합리화하고 있다. 하지만 하루 소를 관리하는 데는 많은 시간이 필요하다. 이를 무시하고 조사료 생산에 많은 시간을 보내면 아무래도 소의 관찰과 관리가 소홀하게 되며 손해를 보게 되는 경우가 있다. 무리하게 두수를 느리기보다는 노동력에 맞는 사육두수를 확보하여 최대의 이익을 얻는다는 마음으로 경영을 해야 할 것이다.

한 우

100문 100답

(육종 · 번식 · 사양 · 비육 · 질병)

제4장 비육

제 4 장 비 육

72. 비육할 소(밑소)를 고르는 요령

비육의 성공의 70%는 밑소에 달려있다고 할만큼 비육에 있어서 밑소는 중요하므로 비육에 성공하려면 밑소를 잘 골라야 한다. 밑소 중에는 좋지 않은 사료를 먹여도 살이 잘 찌는 비육하기 쉬운 소가 있는가하면, 양질의 사료를 먹여도 여간해서 체중이 늘어나지 않는 소가 있다. 또 같은 사료를 주어 똑 같이 비육이 되었다하더라도 육질이 좋은 소는 판매수입이 많다. 이와 같이 밑소를 어떻게 선택했느냐가 경영에 직접 영향을 준다. 따라서 가능하면 살이 잘 찌고 조금이라도 높은 판매수입을 가져다 줄 수 있는 소를 골라 함께 입식하는 것이 바람직하다.

1) 발육이 좋은 소를 입식한다

발육이 좋은 소를 고르려면 먼저 체중, 체고, 흉위를 알 필요가 있다. 흉위는 줄자로 잴 수 있으며 체중은 저울을 이용하면 가능하다. 체고는 측정기가 필요한데 없으면 막대를 사용하여 잴 수 있다. 눈대중으로 하지 말고 반드시 측정하여 소를 고를 필요가 있다. 이들 측정치는 월령별 표준표(표 1)가 있으므로 표준치보다 큰 밑소를 고른다. 특히 체고에 유의하여 고를 필요가 있다. 체고가 낮고 몸의 길이가 짧은 소는 장차 증체가 잘 안 된다. 어느 정도 몸의 부분에

표 1. 월령별 송아지의 체중과 체고

구분	체 중 (kg)						체 고 (cm)					
	암			수			암			수		
월령	상	중	하	상	중	하	상	중	하	상	중	하
3	80.35	72.51	66,34	119.67	111.57	98.65	85.69	83.53	81.37	85.76	83.60	81.44
4	98.50	88.44	80.58	150.61	140.35	123.43	94.98	91.86	90.29	93.20	90.68	88.17
5	116.86	104.38	94.81	181.55	169.14	148.22	97.29	94.33	92.47	99.38	96.60	93.82
6	135.12	120.31	109.05	212.49	197.92	173.00	99.44	96.60	94.47	104.53	101.52	98.52
7	153.38	136.23	123.29	243.42	226.71	197.79	101.45	98.70	96.32	108.81	105.62	102.44

결점이 있더라도 체고가 높고 몸의 길이가 충분히 긴 소는 체중이 나간다. 아무리 육질이 좋더라도 체중이 적은 소는 경제적이라고 할 수 없다.

2) 자질과 체형이 좋은 소를 선택한다

자로 잴 수 없는 것들도 고르는 기준으로 삼는 것이 중요하다. 털과 뿔의 상태, 발굽, 등과 허리의 강함, 늑골의 개장, 어깨의 이행 등 체형에 의한 판단도 중요한 요소이다. 다음 4항에 유의할 필요가 있다.

① 다리가 몸집에 비하여 조금 길게 보이는 소가 좋으며, 송아지 때부터 전체의 균형이 잡혀 있는 소는 커지기 어렵다.
② 체고보다는 십자부가 조금 높은 소와 후지의 비절이 어느정도 높은 소가 활력이 있다.
③ 피부를 잡아 당겼을 때 부드럽고 여유가 충분히 있는 소 또한 피모가 부드럽고 밀집해 있는 소는 육질이 좋다고 한다.
④ 무거운 체중을 지탱할 수 있는 등과 허리를 가지고, 어깨와 다리가 튼튼한 소를 고른다.

이 4가지가 선정의 기준이 되는데 소의 선정에 있어서 체형의 좋고 나쁨은 소의 뼈의 발육과정을 말하고 있는 것이다. 즉 다리가 긴, 비절이 높은 소는 뼈의 발육이 좋고 장래 골격이 충분히 발달할 것을 약속하고 있다.

3) 건강한 소를 선택한다

발육이 좋은 소라도 항상 긴장하고 안정성이 없이 날뛰는 소는 신경질적인 것이지 건강한 것은 아니다. 또 배꼽 부위가 더럽거나 똥에서 악취가 나는 소는 설사를 하고 있다고 생각해도 좋다.

4) 빠른 시기에 거세한 소를 택한다

거세는 되도록 빠른 시기(3~6개월령)에 실시하는 편이 스트레스가 적고 머리, 목, 네 다리의 뼈들이 암소 같으며 비육을 완료했을 때 지방교잡이 높고 육질도 좋다. 거세의 시기가 늦을수록 발육은 좋지만 육질은 나쁘다.

5) 혈통이 좋은 소를 선택한다

송아지의 발육과 자질의 판정은 여간해서 알기 어려운 것으로 상당한 경험이 필요하다. 만일 경험이 없어 소를 보아도 알 수 없는 경우에는 혈통에 의하여 추정하는 것이 좋다. 송아지를 구입할 때 혈통증명서와 인공수정 증명서를 입수하면 부모, 조부모, 외조부모를 알 수 있으며, 인공수정 증명서와 보증 종모우 일람표를 통하여 부, 조부, 외조부의 냉도체, 배장근단면적과 근내지방도의 육종가를 살펴보므로 송아지의 생산형질의 유전능력을 추정할 수 있다.

증체능력은 어미의 산차별로 확실히 차이가 있으며 비육 말기까지 영향하므로 초산의 송아지는 되도록 피하는 것이 좋다.

73. 고급육 생산을 위한 거세한우의 사양 프로그램

1) 입식 후

일반적으로 송아지는 생후 5~6개월에 입식된다. 구입한 송아지는 도착 후 첫날에는 격리된 장소에 수용하고 여름에는 시원한 물을 겨울에는 따뜻한 물을 급여하고 양질의 건초를 급여한다. 수송에 의한 스트레스와 질병을 예방하기 위하여 폐렴백신을 접종하고 항생제를 주사한다. 송아지가 안정되면 체중의 1%에 해당하는 전용 배합사료를 아침과 저녁으로 나누어 1~2주간 급여하여 사료에 적응토록 한다. 사료에 적응하면 배합사료를 1일 0.5kg 씩 증가 급여하여 목표급여량에 이르게 한다. 송아지는 생후 5~6개월에 거세한다.

2) 육성기 사양관리

육성기는 생후 6개월 체중 160kg 내외부터 11개월 체중 268kg 내외까지를 말한다. 이 시기는 뼈, 내장, 제1위 등 소화기관과 체 성장이 활발한 때이므로 조단백질(CP) 함량이 14~15%이고, 가소화양분총량(TDN)이 70% 정도이면서 비타민, 무기물이 풍부하게 함유된 육성용 배합사료를 체중의 약 1.5~1.6%로 제한급여 하면서 양질의 조사료를 자유로 채식토록 한다. 육성기에 있어서 사료급여 기준은 표 1과 같다.

건초의 구입이 용이하지 않을 시에는 배합사료보다 먼저 볏짚을 급여하여 조사료의 섭취를 최대로 유도해야 한다. 과비하지 않도록 일당 증체량을 약 0.7kg 되게 사육한다. 이 시기에는

표 1. 거세한우 육성기 사료급여 기준

구분/월령		6	7	8	9	10	11
체 중(kg)		160	181	202	223	245	268
일당 증체량(kg/일)		0.7~0.8					
사료급여량 (kg/일)	배합사료	3.0	3.0	3.2	3.5	3.8	4.2
	건 초	자유채식					

충분한 양의 조사료를 섭취하도록 해주어야 한다. 충분한 양의 조사료를 섭취하지 못하면 제1위를 포함한 소화기관의 발달이 부진하게 되며 소화기 장애와 요석증 등 대사성 질병에 걸리기 쉽고 비육후기에 사료 섭취량이 늘어나지 않아 충분한 에너지가 공급되지 않아 증체가 둔화되어 목표 체중에 도달할 수 없으며 근내지방의 축적이 어려워진다. 육성기에는 지나치게 살이 찌지 않도록 하면서 소화기관과 골격을 발달시키는 데 중점을 두어야 한다. 육성기에 유의할 점은 소들이 배합사료를 제한 급여하는 조건에서 조사료를 목표한 대로 섭취하고 있는지 증체는 잘되고 있는지 소의 건강상태가 좋은지를 검토하면서 목표에 미치지 못할 때는 문제점과 원인을 분석하여 개선하여야 한다.

3) 비육전기 사양관리

비육전기는 일반적으로 생후 12개월부터 15개월까지를 말한다. 이 시기에는 육성기에 조사료 위주로 사육된 소가 근육성장을 하면서 체지방도 함께 축적되어야 한다. 이 시기에는 육성기에 배합사료를 제한 급여하므로 나타난 성장억제가 보상성장으로 나타나 일당 증체가 증가해야 한다. 이 시기에는 성장인자인 IGF-1의 혈중농도가 가장 높으며 흉폭과 흉심의 성장이 가장 왕성하다. 따라서 이 시기에는 조단백질(CP)이 13～14%, 가소화양분총(TDN)이 70～71%의 비육전기 사료를 체중의 1.6에서 1.9%로 서서히 증가시켜 급여해야 한다. 비육전기에 있어서 사료급여 기준은 표 2와 같다.

비육기간 중 일당 증체가 0.8～0.9kg가 되게 하고 배합사료는 월령이 증가함에 따라 증가하여 급여하고 조사료는 비육기간 일정량을 급여한다.

4) 비육중기 사양관리

비육중기는 일반적으로 생후 16개월부터 21개월 전후를 말한다. 이 시기에는 등심단면적의 성장과 근내지방의 축적이 가장 왕성하며 일당 증체량이 가장 많다. 그러나 이 시기에 배합사료를 과다하게 급여하여 증체량을 너무 늘리면 등심단면적이 커지지 않고 피하지방이 두꺼워지는 부작용이 일어난다. 이 시기에는 조단백질(CP)이 12～13%, 가소화영양분총량(TDN)이

표 2. 거세한우 비육전기 사료급여 기준

구분/월령			12	13	14	15
체 중(kg)			292	316	341	367
일당 증체량(kg/일)			0.8～0.9			
사료급여량 (kg/일)	배합사료		4.7	5.2	6.0	6.8
	조 사 료	건 초	1.6	1.0	1.0	
		볏 짚	2.1	2.1	2.1	2.2

71~72%의 비육중기 사료를 체중의 1.8~1.9%로 제한 급여한다. 비육중기에 있어서 사료급여 기준은 표 3과 같다. 일당 증체량을 0.9~1.0kg로 유지하고 배합사료를 월령에 따라 증가 급여하는 반면 조사료는 급여량을 줄여 나간다.

이 시기에는 근내지방의 축적이 활발하게 일어나서 조사료의 섭취량이 감소하고 배합사료의 섭취량이 증가하므로 요석증이 발생될 우려가 있으므로 1개월 간격으로 염화나트륨을 1일 20g씩 4일 투여한다. 충분한 급수로 요석증을 예방하고 조기 발견하여 치료해야 한다.

표 3. 거세한우 비육중기 사료급여 기준

구분/월령		16	17	18	19	20	21
체 중(kg)		395	425	455	483	510	536
일당 증체량(kg/일)		0.9 ~ 1.0					
사료급여량 (kg/일)	배합사료	7.5	8.0	8.4	8.6	9.0	9.3
	볏 짚	2.0	1.9	1.9	1.9	1.7	1.4

5) 비육후기 사양관리

비육후기는 생후 22개월부터 출하까지를 말한다. 이 시기는 비육을 마무리하는 기간으로 근육 속으로 지방이 축적되어 육질이 개선되어야 한다. 이 시기에는 조단백질(CP)이 12%, 가소화영양분총량(TDN)이 72~73%의 에너지가 높은 비육후기 사료를 급여한다. 비육후기에 있어서 사료급여 기준은 표 4와 같다.

표 4. 거세한우 비육후기 사료급여 기준

구분/월령		22	23	24	25	26	27	28	29
체 중(kg)		560	582	604	625	644	663	682	700
일당 증체량(kg/일)		0.8 ~ 0.6							
사료급여량 (kg/일)	배합사료	자유급여							
	볏 짚	1.0	1.0	1.0	0.8	0.8	0.8	0.5	0.5

배합사료를 자유급여 하면서 조사료를 점차 줄여 나간다. 일당 증체는 0.8~0.6kg을 유지한다. 급여사료의 종류에 따라 육질이 달라진다. 체중을 최대한 늘려야 근내지방도가 개선되어 육질이 향상된다.

74. 고급육 생산을 위한 거세우의 적정 출하월령과 체중

고급육이란 고기의 결이 좋고 조직감이 있고 육색이 좋으며 고소한 맛을 내는 근내지방의 침착이 잘 되어있고 먹을 때 부드럽고 탈력성이 있고 연하며 다즙성을 지니고 있는 고기를 말한다. 또한 고급육은 도체의 등심단면적이 넓고 육량과 육질등급이 좋은 고기를 말한다. 고급육의 생산은 송아지의 이유시기, 거세시기, 밑소의 유전적 소질, 부모의 혈통, 비육프로그램, 출하월령과 체중에 의하여 영향을 받는다. 이 중 출하월령과 체중은 고급육 생산에 많은 영향을 주므로 이하 출하월령과 체중이 육질에 미치는 영향에 대하여 고찰한다.

국립축산과학원에서 전국을 대상으로 조사한 79농가의 거세우의 출하월령은 표 1과 같다.

표 1. 거세우의 출하월령별 분포

월 령	분포(%)
23 이하	3.8
24 ~ 26	53.2
27 ~ 28	32.9
29 ~ 30	8.9
31 이상	1.2

표 1에서 보는바와 같이 거세우는 생후 24 ~ 28개월령에 86%가 출하된다. 출하월령을 몇 개월령으로 할 것인지는 전적으로 양축가에 달려있다.

일반적으로 비육기간을 연장하면 등심단면적, 근내지방도, 육질등급, 도체성숙도, 연도, 다즙성과 풍미 등이 개선되지만 필요이상의 기간연장은 도체형질의 추가적 개선효과를 볼 수 없으며 오히려 등지방두께가 늘어나는 등 육질형질에 불리하게 작용한다.

표 2에서 보는바와 같이 육질 1등급 출현율은 출하월령 24개월령이 60%, 26개월령이 75%, 28개월령이 50%로 26개월령에서 가장 많았고 그 다음이 24개월령 이었으며, 28개월령에서는 현저히 떨어졌다. 등지방두께는 24개월령이 1.05cm, 26개월령이 1.24cm, 28개월령이 1.52cm로 출하월령이 연장될수록 등지방두께가 두터워진다.

한편 등심단면적은 24개월령이 76.10cm^2, 26개월령이 80.4cm^2, 28개월령이 80.8cm^{2}로 24개월령이 적었고, 26과 28개월령 간에는 차이가 없었다.

육량등급 중 C등급 출현율은 24개월령이 8%, 26개월려이 25%, 28개월령이 66%로 출하월령이 연장될수록 높았고, 특히 28개월령에서 높았다.

육질 1등급 출현율, 등심단면적과 육량등급을 고려할 때 거세우의 출하월령은 26개월령 내외가 적당하다고 하겠다.

표 2. 거세한우의 출하월령에 따른 육생산성과 도체성적

항 목	출 하 월 령		
	24	26	28
개시시 체중(kg)	159.7	155.4	155.8
종료시 체중(kg)	614.9	634.0	683.3
일당 증체량(kg)	0.83	0.79	0.80
비육기간(일)	550	606	656
육질형질			
냉도체중량(kg)	344.4	356.0	395.8
등지방두께(cm)	1.05	1.24	1.52
등심단면적(cm^2)	76.16	80.40	80.80
육량등급(A : B : C)	0 : 11 : 1	1 : 8 : 3	0 : 3 : 8
근내지방도	3.75	3.92	3.26
육 색	4.33	4.33	4.42
지 방 색	2.50	2.41	3.08
조 직 감	1.16	1.16	1.08
성 숙 도	1	1	1
육질등급(1 : 2 : 3)	8 : 3 : 1	9 : 3 : 0	6 : 6 : 0

출하월령 못지않게 출하체중은 육질형질과 육량 및 육질등급에 영향한다. 출하시 체중이 등심단면적과 육질등급에 미치는 영향은 표 3과 같다. 여기서 보는바와 같이 등지방두께는 생체중 580kg이 10.5mm, 생체중 620kg이 11.6mm, 생체중 650kg이 12.4mm로, 체중이 클수록 등지방두께가 두터워진다. 등심단면적은 생체중 580kg이 80.4cm^2,, 620kg이 83.8cm^2, 650kg이 85.1cm^2로 체중이 클수록 등심단면적이 넓어졌다. 한편 육량지수와 육질등급은 체중이 클수록 낮아졌다. 따라서 고급육 생산을 위한 출하체중은 620kg내외가 적당하다고 하겠다.

표 3. 출하시 생체중이 등심단면적과 육질등급에 미치는 영향

두 수 (두)	생체중 (kg)	도체중 (kg)	등지방두께 (mm)	등심단면적 (cm^2)	육량지수	육질등급	지육단가 (원/kg)
704	580	343.9	10.5	80.4	68.0	1.45	10,532
768	620	368.7	11.6	83.8	67.7	1.35	10,540
462	650	387.4	12.4	85.1	67.4	1.26	10,458

(축산물등급판정소, 2001. 3～5)

75. 비육전기에 알아둘 사항

1) 증체 목표

비육전기는 비육을 하려고 하는 소의 발육기에 해당한다. 이 시기는 소의 증체가 가장 빠른 시기이다. 또 이 시기는 생후 6개월까지 미성숙한 반추위가 급격히 발달하고 근육이 커져서 골격과 몸의 구조가 이루어지는 시기이기도 하다. 따라서 사료는 발육에 필요한 단백질, 칼슘, 비타민이 충분히 함유된 것을 급여하여야 한다.

이시기의 발육곡선은 거의 직선적으로 상승한다. 즉 소 자체가 크려하기 때문에 영양을 충분히 공급하면 잘 큰다. 그러나 저 영양으로 기르면 발육의 균형이 깨져 소가 가지고 있는 본래의 능력을 발휘하지 못하고 만다.

비육중기에는 증체목표를 일정한 범위 내에 두는 것이 좋다. 즉 일당 증체량이 0.6kg 이상이 되도록 목표를 두어야 한다. 이 이하가 되면 비육후반에 증체를 기대할 수 없게 될 우려가 있다. 지나치게 소가 일당 1.0kg 이상 증체하면 사료효율 면에서 손해를 보게 되고 공연히 비싼 사료를 많이 먹이게 되는 셈이 된다. 적정한 증체 목표는 일당 0.7～0.9kg로 이 정도 발육하도록 계획하면 실패 없이 후기에 들어갈 수 있다.

2) 사료급여 방법

소의 몸의 60%가 수분이며 수분은 몸의 도처에 있다. 이외 성분은 단백질, 지방, 탄수화물과 광물질이다. 단백질은 각종의 아미노산으로 구성되어 있으며 근육에 가장 많이 포함되어 있다. 지방은 몸의 각 조직에 들어 있으며, 특히 신장의 주위, 피하와 장 사이에 많이 분포되어 있다. 탄수화물은 소량으로 글리코겐과 포도당의 형태로 간장근육과 혈액에 들어 있다. 광물질의 대부분은 뼈와 이에 들어 있으며 그 외 혈액 중에도 존재한다.

이들 성분들은 모두 주어진 사료로부터 흡수 또는 합성된다. 소가 필요로 하는 영양소에 맞추어 사료를 주는 것이 중요하다. 사료급여에 기준이 되는 것이 사양표준이다. 사양표준 표에는 1일당 가소화단백질(DCP)과 가소화양분총량(TDN)의 필요량이 증체량과 체중별로 표시되어 있다. 이외 비타민과 광물질도 기재되어 있다.

(1) 농후사료와 조사료의 비율

반추위를 발달시키기 위하여 양질의 조사료를 주려고 노력해야 한다. 조사료는 칼슘과 비타민을 함유하고 있을 뿐만 아니라, 위의 발달을 돕고 소화흡수를 촉진하는 작용을 가지고 있다. 그러나 조사료만으로는 의도대로 증체를 가져올 수 없다. 따라서 건물섭취량 내에서 농후사료를 급여해야 한다. 그런데 비육전기에는 농후사료를 주면 주는 대로 먹는다. TDN 섭취량을 많이 하려고 농후사료를 포식시키면 실패로 이어진다. 경제적으로 수지가 맞지 않을 뿐만 아니라 위의 발달이 안 되어 사료효율도 떨어진다.

따라서 농후사료와 조사료는 균형을 이루는 것이 중요하다. 풍건물로 농후사료 6에 대하여 조사료 4가 바람직하다.

(2) 사료를 바꿀 때 주의사항

소에게 일정한 종류의 사료를 급여하고 있는 경우에 제1위 내에는 그 사료에 상응하는 세균과 미생물이 사료의 단백질을 분해하고 비타민을 합성하며 섬유와 탄수화물을 발효시킨다. 급히 내용이 다른 사료로 바꾸면 새로운 사료에 적응이 안되어 이상발효가 일어나 설사를 일으킨다. 따라서 먼저 사료에서 활동하던 세균과 미생물이 새로운 사료에 적응하는 균과 미생물이 될 때까지는 준비기간이 필요하다. 이를 위해서는 적어도 1주 이상의 기간이 필요하다.

농후사료를 바꿀 때는 급여량을 그대로하고 새 사료를 먼저사료와 섞어 순차적으로 바꾸는 것이 좋다. 양을 바꿀 때도 1일 1두 0.5kg씩 줄여가거나 늘여가는 것이 좋다.

어떤 경우에도 사료를 바꿀 경우에는 바꾸면서 소를 매일 주의 깊게 관찰하여 그날의 채식상황과 똥의 상태를 파악하는 것이 중요하다.

(3) 짚을 급여하는 방법

짚은 영양가보다는 배를 불리고 조사료 부족을 보충하기 위하여 급여하고 있다. 특히 농후사료를 다급하고 있을 때 효과가 크다. 즉 짚이 갖는 부피가 물리적으로 위벽을 자극하여 함께 먹은 농후사료의 영양분의 소화흡수를 돕는 것으로 되어 있다.

배합사료와 섞여 먹일 때는 짚은 잘게 썰어 먹여야 한다. 이때 길이는 2～3cm 정도로 한다. 긴 상태로 먹일 때는 짚을 4등분하여 20～30cm의 길이로 먹이면 낭비가 없이 경제적이다. 짚의 길이에 따른 영양가치는 분쇄 이외에는 거의 같다.

짚의 섭취량은 자유급여 한다고 해도 비육우에서는 기껏 해서 1일 1～2kg이다. 다른 조사료와 같이 급여하는 경우는 TDN의 섭취를 되도록 많이 하게 하기 위하여 0.5kg 정도로 내리는 것이 적당하다.

농후사료를 많이 먹는 소는 위 자체의 운동이 활발하지 못하고 반추가 더디고 위벽도 얇아진다. 이 때문에 소는 생리적으로 건물함량이 많은 짚을 먹으려 한다. 짚과 건초는 영양분이 될 뿐만 아니라 운동에 의하여 위벽을 마찰하여 위벽을 발달시킨다.

3) 관리 방법

비육우를 군사하는 경우 체중이 비슷한 소들을 우방에 넣어도 경합에 의하여 먹는 양에 차이가 생겨 체중에 차이가 생긴다. 이 때문에 군사를 싫어하는 경향이 있으나 관리의 편의상 군사를 택한다. 군사시 문제는 소의 수, 우방의 면적, 사료급여 방법과 양의 차에 의하여 일어난다. 적당한 군사 두수는 5~6두를 한 군으로 하여 두당 $4m^2$의 면적을 요한다. 거세우는 비거세우에 비하여 성질이 온순하나 뿔싸움으로 순위가 생긴다. 경합에 의한 소들 간에 먹는 양의 차이를 줄이기 위하여 사료급여시 연동 스탄치온에 보정케 하거나 소들 간에 경합을 막는 급여방식을 강구해야 한다.

소의 생리를 생각할 때 조금 운동을 시키는 것이 좋다. 그러나 운동을 하지 않는다고 해서 꼭 증체가 나쁜 것은 아니다.

비육우는 지방이 축적되므로 추위에 대하여 비교적 높은 저항성이 있으나 고온다습 시는 식욕이 저하하여 증체가 떨어진다. 기본적으로 통풍을 잘 시켜 우사에 바람이 잘 통하게 해주는 것이 필요하다.

76. 비육후기에 알아둘 사항

1) 비육목표

이 시기는 근육, 골격과 장기는 거의 발달되어 있으며 이어서 지방이 피하, 근육사이와 복강내에 들어간다. 물리적으로 복강 내 지방이 축적되면 사료를 덜 먹으며 증체량과 사료효율이 떨어진다. 즉 차츰 차츰 육질이 개선되어 마무리 단계에 들어갔다고 할 수있다.

비육후기는 전기와 같은 발육과 증체를 목표로 하는 것이 아니라 육질의 개선을 목표로 하여 증체량을 내려 1일당 0.4~0.6kg로 한다. 이 시기의 증체는 거의 지방의 증가에 의한 것으로 보아야 한다. 지방의 질은 급여한 사료의 종류에 따라 영향하므로 양질(용해도가 높은)의 지방을 함유한 사료를 선택할 필요가 있다.

400~450kg에 이르면 소에 따라서는 사료의 섭취량이 떨어진다. 이것은 소 자체의 발육이 거의 끝나는 시기여서 소가 생활해 나가기 위해 그다지 많은 사료가 필요치 않기 때문이다. 마무리 체중은 장기비육의 경우 600kg 전후가 경제적으로 유리하다.

2) 사료급여 방법

체중이 450kg가 되면 사료의 섭취량이 줄어든다. 때문에 충분한 에너지를 취하게 하기 위하여 농후사료를 주로 주지 않으면 안 된다.

(1) 농후사료의 급여방법

생후 21개월까지 농후사료를 과다하게 급여하여 증체량을 너무 늘리면 등심단면적이 커지지 않고 피하지방이 두꺼워지는 부작용이 일어난다. 이 때는 일당 증체량을 0.9~1.0kg로 유지하면서 농후사료를 월령에 따라 증가급여 한다. 생후 22개월부터 출하까지는 배합사료를 자유급여하면서 일당 증체를 0.8~0.6kg로 유지한다.

(2) 조사료의 급여방법

소는 조사료를 생리적으로 요구한다. 비육후기의 조사료는 영양분이라고 하기보다는 반추위를 도와 제1위 내에서의 소화흡수를 돕는 역할이 크다. 소는 되도록 용적이 큰 사료를 필요로 하고 있다. 따라서 양질의 조사료가 아니더라도 짚이라도 좋다. 여하튼 건물 함량이 많은 것이 좋다. 그러나 조사료를 이시기에 너무 많이 주면 그만큼 농후사료의 먹는 양이 줄어들어 소가 요구하는 영양분이 부족하게 된다. 따라서 이 시기의 조사료는 최저의 섬유를 공급하는 데 그쳐야 한다. 하루에 필요로 하는 섬유의 양은 즉 소가 정상으로 반추할 수 있는 최저 양은 전 사료의 10%전후이다. 대충 조사료 1kg에 농후사료 9kg이다. 즉 마무리 시기에 있어서 급여방법은 농후사료 포식에 조사료 제한급여가 원칙이다.

(3) 육질에 영향을 주는 사료

사료와 육질과의 관계는 아직 명확하지 않다. 육질은 거의 유전적인 데가 많다. 시험적으로 맛과 풍미에 대한 과학적 근거가 별로 확실치 않으며 거의 육안과 촉감에 의지하고 있다. 그런데 가치 있는 고기는 광택이 있고 지방이 연한 크림색이고 선홍색이며 결이 부드럽고 느슨하지 않는 고기이다. 육질과 사료와의 관계는 표 1과 같다. 주의가 필요한 것은 지방의 황색이다. 옥

표 1. 사료와 지방 및 육질과의 관계

지방과 육질		사료의 종류
지 방	희고 단단하게 한다	보리류, 밀기울, 고구마, 감자, 보릿겨
	황색으로 한다	대두박, 옥수수, 호박, 청예목초
	연하게 한다	쌀겨, 대두박, 옥수수, 콩과사일리지
	적당히 단단하게 한다	밀기울, 보릿겨, 건초
육 색	진하게 한다	혈분, 어박, 알팔파 분말
	연하게 한다	청초, 감자

수수와 청초 중의 키산토휠이 체지방에 축적되면 고기가 황색을 띤다. 적어도 출하 3개월 전부터는 옥수수와 청초를 급여하지 않아야 한다.

(4) 지방 교잡이 들어가는 이유

비육후기에서 중요한 것은 지방의 침착이다. 순서는 먼저 신장에 지방이 붙고 다음은 근육과 근육사이에 근간지방이 붙는다. 비육이 진행이 되면 피하지방이 붙고 마지막 단계에 근육 속까지 지방이 들어간다. 이것을 소위 지방 교잡이 들어간다고 하는 것이다. 다시 말하면 지방 교잡이 들어가려면 피하지방이 충분히 들어가지 않으면 안 된다는 것이다.

지방의 침착은 유전적 소질에 강하게 지배되며 비육우의 부의 영향이 강하게 나타난다. 이것은 최후의 열쇠는 유전적 요소가 장악하고 있음을 의미하며 사양기술에 의하여 조절 가능한 범위는 한계가 있다고 할 수 있다.

(5) 채식량이 급히 떨어질 때

비육후반 마무리에 들어갔을 때 채식량이 급격히 떨어지는 현상이 있다. 채식량 떨어지는 시점은 빨리 오든 늦게 오든 어느 소에서도 반드시 일어나는 현상이다. 비육에 있어서 문제가 되는 것은 어느 시점에서 채식량 떨어지기가 일어나는가 하는 것이다. 채식량 떨어지기가 늦으면 늦을수록 비육이 순조롭게 진행되지만 빨리 오는 경우에는 증체가 눈에 띄게 둔화된다. 채식량 떨어지기가 오는 요인은 근본적으로 비육초기에 조사료를 충분히 주지 않아 위의 발달이 불충분한데 있다. 이 때문에 일종의 식체가 후기에 일어나는 것이다.

채식량 떨어지기를 극복하기 위하여 농후사료를 줄이지 말고 계속 먹도록 조치를 취해야 한다. 소가 좋아하는 농후사료를 주도록 하는 것이다. 농후사료에 당밀을 소량 첨가하거나, 밀기울과 보리 등의 배합을 많게 하거나 가루보다는 압착 보리로 바꾸는 등 맛있게 보이도록 하고 가벼운 운동을 시키는 것도 한 방법이다.

77. 고급육 생산 우수농가 소개

1) 사육현황

비육전업 농가로 사육경력 20년이다. 현재 비육우 200두를 기르고 있으며 거세와 비거세의 비율은 50 : 50이다.

2) 축사시설

우사는 지붕이 개폐식으로 되어있고 우방마다 선풍기가 설치되어 있어 환기와 채광이 잘되며 우사의 바닥은 항상 건조하다.

3) 깔 짚

깔짚은 왕겨를 사용하며 톱밥보다 오줌의 배설이 빨라 우방의 습기가 적으며 호흡기 질병의 예방효과가 있다. 왕겨는 한 달에 2회 교체하며 퇴비는 인근 인삼재배 농가에 무상으로 준다. 퇴비는 비 가림 시설이 되어있는 퇴비사에 쌓아 놓는다. 주 1회 자체적으로 우사를 소독하여 전염병을 예방한다.

4) 송아지 입식

송아지는 가축시장에서 체형이 길고 머리가 작고 콧구멍이 큰 것을 입식한다. 털색이 노란색에 가까운 황색 송아지를 선호하여 구입한다. 황색 송아지에서 고급육 출현율이 높다. 6개월령에 유혈거세를 한다.

5) 사양관리

육성우에는 볏짚과 옥수수 청초를 위주로 먹이고 송아지에게는 수입건초를 자유로 먹도록 한다. 비육말기에는 수입건초를 제한급여 한다. 농후사료에 효소제를 첨가(1,000kg당 8kg)하여 급여한다. 효소제를 첨가하면 소화율이 향상되고 고급육 출현율이 높아지며 분뇨냄새와 파리가 줄어든다. 사료는 아침, 점심, 저녁 3회 급여하고 2개월 간격으로 체중을 측정하여 급여량을 조절한다.

6) 비육우 성장 단계별 사료급여량

표 1. 비육우의 성장 단계별 사료급여량

구 분		육 성 기	비 육 기	
		4～12 개월령	전기(13～18개월령)	후기(19～24개월령)
농후사료		2.5～4kg	5.5～8kg	8.5～10kg
조사료	볏 짚	1～3.5kg	3.5～2kg	2kg
	건 초	1～4kg	4～2.5kg	2.5kg

표 1에서 보는바와 같이 육성기에는 농후사료를 1일 두당 2.5～4kg 증가급여하고 볏짚은 1～3.5kg, 건초는 1～4kg 증가급여 한다. 비육전기에는 농후사료를 5.8～8kg 증가급여하고 볏짚은 3.5～2kg, 건초는 4～2.5kg 감소급여 한다. 후기에는 농후사료를 8.5～10kg 증가급여하고 볏짚은 2.5kg 일정량 급여한다.

7) 출 하

25개월령부터 체중 650～700kg 사이에 출하한다. 거세우의 경우 1등급 출현율은 70%다.

78. 암소의 보통 비육

2～3산한 암소를 4～5개월간 비육하여 체중 600kg 전후에 출하하는 방법이다. 경산우가 번식 성적이나 품성이 나쁠 때 교체하기 위하여 비육으로 돌릴 수 있다. 송아지 가격이 떨어지면 농가는 2～3산한 암소를 비육하여 출하한다. 농가가 교체하기 위하여 시장에 내 놓은 암소를 구입하여 비육하기도 한다.

2～3산한 암소를 비육하고져 할 때는 분만시 신체충실도(BCS)가 3.5가 되도록 임신말기에 번식우사료를 조절급여 한다. 분만 후 바로 비육우 사료를 자유로 먹도록 하고 짚은 하루에 마리당 0.5kg로 제한급여 한다. 비육우사료의 섭취량을 늘리고 소화를 돕기 위하여 이스트 컬튜어(yeast culture)와 같은 효모제를 매일 조금씩 급여한다.

이유 후 1개월 전후하여 체중 600kg 전후가 되면 비육상태를 보아 출하한다.

그림 1. 마무리 단계에 비육중인 암소

79. 비육기간 중 사료 중의 비타민 A 함량 억제와 근내지방 축적

일본에서 비육기간 중 사료 중의 비타민 A 함량을 억제하면 근내지방도가 높은 고급육을 생산할 수 있다고 보고되고 있다. 비티민 A는 IGF-1(Insulin like Growth Factor-1)과 갑상선 호르몬의 활성을 촉진하여 지방세포의 분할을 억제하기 때문에 사료 중의 비타민 A의 함량을 감소시키면 지방세포의 분화가 촉진되어 근내지방도가 높아진다는 것이다.

이 생리현상을 응용하여 일본의 브랜드 농가에서는 비육기간 중 사료 중의 비타민 A 함량을 최소한으로 유지 급여하여 근내지방도가 높은 고급육을 생산하는 시도가 이루어지고 있다.

비타민 A 조절급여에 의한 근내지방도가 높은 고급육을 생산하는 일반적인 방법은 다음과 같다.

1) 육성기

양질의 조사료를 급여하거나 비타민 A의 함량이 높은 사료를 급여하여 혈장 중의 비타민 A 농도를 100 IU/dl 이상으로 유지한다.

2) 비육 전 · 중기

비타민 A 급여량을 하향조절하기 시작하여 비육전기의 후반 18개월령 전후에는 비타민 A의 혈장농도를 최소 40 IU/dl 정도로 유지시켜 준다. 혈장 중의 비타민 A의 농도가 80IU/dl 이하에서는 체내 저장 비타민 A가 고갈되었다는 것을 의미하므로 이때 비타민 A와 β-카로틴이 많은 사료를 급여하지 않으면 혈장 중의 비타민 A 농도는 점차적으로 저하된다.

3) 비육후기

장기간 비타민 A 결핍으로 인한 면역기능의 저하, 상피세포 손상 등의 회복과 지육 증가를 고려하여 비타민 A를 특별히 제한하지 않는다.

이 방법은 비타민 A 함량을 하향 급여하는 비육 전 · 중기간에 혈장 중의 비티민 A의 함량을 측정해야 하는 번거로움이 따르고 비타민 A의 결핍증상이 나타나지 않는 정도의 비타민 A의 혈장농도를 조절하는 기술이 필요하다.

우리나라는 육질등급에 따른 지육가의 차이가 일본보다 적으므로 이 기술을 도입하기는 시기상조라 생각된다. 비타민 A는 시력, 상피세포, 면역기능의 유지와 성장에 없어서는 안 될 물질로 비타민 A가 결핍하면 야맹증, 식욕부진, 거친 모피와 설사 등이 나타나 소의 건강과 경제적 손실을 초래할 수 있다. 일본에서는 눈먼 근내지방도가 높은 고급육을 생산하는 비육우가 도축되기도 한다.

80. 비육이 마무리되었는지 판정하는 방법

1) 사료섭취량

비육이 마무리가 되었는지 판정하는 방법의 하나는 소의 사료섭취량이다. 식욕이 있는지 없는지는 소의 건강상태를 판단하는 기준으로 되어 있지만 마무리가 된 소는 왠지 모르게 사료섭취량이 떨어져 여러 가지 조치를 취해도 다시 식욕이 회복될 기색이 안 보인다.

1개월 동안이나 소의 사료섭취량이 떨어지면 이제 머지않아 출하시기라고 생각해도 된다. 그러나 600~650kg 정도의 체중이 되었는데도 사료를 서슴없이 먹어 치우는 소는 조금 더 비육시킬 필요가 있다. 체중이 목표치에 도달했는데도 섭취량이 줄지 않는 것은 아직도 증체가 더 기대되며 육질도 더 좋아질 수 있다는 것이다. 더 비육하지 않고 출하하면 지방교잡이 덜 되어 육질등급이 떨어지게 된다.

2) 비육도 지수

거세한 한우는 650~700kg가 되면 이제 머지않아 출하할 시기라고 판단할 수 있다. 더욱 확실히 판단하고 싶으면 체고를 측정하여 체중과 체고의 비율을 계산해 본다.

$$\text{비육도지수} = (\text{체중} \div \text{체고}) \times 100$$

이 수치가 400~450이면 출하했을 때 육질에 자신을 갖게 된다. 비육도지수는 체고에 대한 체중의 비율이므로 발육시기에서 증체기에 있는 소에게는 살이 찌는 비율을 나타내게 된다. 따라서 비육도지수가 커지면 커질수록 비육이 진전되고 있음을 나타낸다. 이상적으로 잘 비육된 거세우에서는 비육도지수가 500 이상이 되는 경우도 있다.

3) 피하지방의 부착

이외 마무리정도를 보는 방법으로 피하지방의 부착상태를 보는 경우이다. 피하지방은 일반적으로 목에서 배를 향하여 들어가면서 엉덩이부터 배와 뒷다리를 향하여 점진적으로 들어간다. 그리고 흉수로부터 목느러미를 향하여 들어간다.

따라서 마무리정도를 보기 위해서는 지방이 별로 붙지 않는 곳에 지방이 붙어 있는가를 보는 것이다. 즉 최종적으로 지방이 들어가는 곳은 예로 앞가슴, 허리, 늑골 그리고 뒷다리 부착부위, 목느러미, 뒤 사타구니가 된다. 또 요각을 손으로 눌러 두께를 보든가 귀를 만져서 지방이 들어가 있으면 피하지방이 몸 전체를 싸고 있다고 생각해도 좋을 것이다. 이 정도가 되면 이미 지방교잡은 충분히 이루어진 상태이다.

81. 비육기간에 있어서 S자형 증체발육은 비육기술의 기본이다

거세한 한우를 비육할 때 지육이 큰 비육소를 만드는 것은 지육 1kg당 생산비를 줄이는 방법으로 효과가 있으며 큰 지육을 만드는 비육방법은 육질을 좋게 한다.

5~6 개월령의 밑소를 도입 후 16개월령까지는 골격과 소화기관의 발달을 촉진시키는 기간으로 생각하고 처음에는 조사료를 중심으로 농후사료의 급여량을 억제(제한급여)하여 위가 커지고 골격이 커진 단계에서 농후사료를 많이 먹여(부단급여) 증체를 시도한다. 최후의 단계에는 양질의 지방이 근육 내에 들어가게 하여 좋은 육질의 비육우로 마감하는 사양방법(농후사료 제한급여 후 급여횟수를 늘린다)을 실시한다. 즉 증체곡선을 최초 완만하게 도중에 급상승시켜 최후에 다시 완만하게 마무리한다. 이를 S자형 증체발육이라고 한다.

이에 반하여 포물선형 증체발육(부단급여)은 최초부터 농후사료를 다급하여 증체곡선을 급상승시키는 비육방법으로 골격과 내장이 충분히 발달하지 않은 상태에서 증체를 시키기 때문에 어느 일정단계에 이르면 먹는 양이 줄어듬으로 증체의 속도가 팍 떨어진다. 이 포물선형 증체발육으로 비육을 하면 최종출하 시점에서의 체중은 S자형 증체발육 만큼 신장되지 않고 결국 지육량이 적은 비육으로 되고 만다.

소의 생리에 맞추어 S자형 증체발육으로 비육하면 비육기간이 길어지지만 육질은 좋아지고 큰 중량의 지육으로 마무리되며 고급육 생산과 생산비 절감 면에서 유리하다.

집에서 비육한 비육우가 도중에 증체가 중지되고 지육이 생각보다 크지 않은 원인은 대부분 발육초기에 증체율을 너무 높였기 때문이다.

비육우에서 1두 당 경락가는 지육단가×지육량으로 결정되며, 아무리 지육단가가 높은 지육을 만들어도 지육량이 적으면 높은 경락가를 받을 수 없다. 따라서 소의 생리에 맞는 비육방법은 큰 지육을 생산하고 육질도 좋아지는 S자형 증체발육에 준한 비육기술을 기본으로 해야 한다. 소를 비육하는 비육방법은 여러 가지 있으나 생산자는 자기여건에 맞는 제일 좋은 비육방법을 선택해야 한다. 적당한 기간 비육하여 건강하고 육질이 좋은 비육우를 만드는 것이 비육기술의 기본이다.

82. 고급육 생산과 생산비 절감은 양립할 수 있는가

비육을 하는 최고경영자들은 원점에서 과거를 돌아보아야 한다. 쇠고기 수입자유화 이후 수입량은 계속 증가하였으며, 비육농가는 이에 대처하기 위하여 쫓기고 있는 실정이다. 비육농가는 앞으로의 대책에 대하여 계속 주목할 필요가 있다. 비육농가는 수입쇠고기에 대한 대처방안으로 고기의 고품질화와 생산비의 절감을 생각해 왔는데 이제 원점에 서서 한우고기 생산기반에 대하여 다시 한 번 생각할 필요가 있다. 과연 고급육 생산과 생산비 절감은 양립할 수 있으며, 비육기술의 기본이 마련되어 있으며, 비육과 육질에 관한 정확한 개념이 적립되어 있는가 하는 것이다.

이전부터 고급육 생산과 생산비 절감은 상반하는 것으로 다루어 왔다. 동일품종 내에서 사육경비는 육질이 좋은 소나 나쁜 소간에 차이가 없다고 논의되어 왔다. 고급육을 생산하기 위하여 개량과 비육기술의 역할을 잘 인식하여 개량에 힘쓰는 한편 비육기술을 잘 활용해야 한다. 또한 생산비를 절감하려면 번식경영과 비육경영을 잘 해야 한다. 특히 번식경영은 소를 개량하여 고급육을 생산하는 밑소를 만드는 데 기여도가 높고, 비육경영은 생산비를 절약하는 데 기여도가 높다.

1) 고급육 생산

고급육은 우량한 소를 잘 비육함으로써 만들어진다. 고급육은 몇 할은 밑소에 의하여, 몇 할은 비육기술에 의하여 만들어진다고 하나 산술적으로 결정되는 것은 아니다. 밑소나 비육기술 어느 한 쪽이 좋지 않으면 고급육은 생산되지 않으며, 밑소나 비육기술이 모두 좋으면 고급육이 생산된다. 따라서 양쪽이 모두 좋도록 노력을 해야 한다. 밑소에 문제가 있으면 개량에 힘을 기우려야 하며, 비육기술에 문제가 있으면 비육기술을 개발하는 데 힘을 기울이고 양자를 잘 연관시켜야 한다.

개량을 촉진하려면 젊은 암소와 젊은 종모우를 조기에 발굴하여 계획교배를 실시하여야 하며, 육종가에 의한 종모우의 평가체계가 확립되어야 한다. 육종가는 후대의 증체와 지육성적으로 종모우의 능력을 추정하는 것으로, 지육이 정확히 평가되어야 한다. 그런데 비육성적에 중점을 두면 육종가의 보급에 방해가 된다.

지육성적의 평가를 기초하여 얻어진 육종가를 중심으로 종모우를 선택하여 번식에 공용하면 비육우의 개량에 좋은 결과를 가져올 뿐만 아니라 좋은 수소의 안정적 생산에도 기여하게 된다. 따라서 국가의 개량조직은 농가의 번식과 비육에 초점을 두고 운영되어야 한다. 번식경영과 비육기술은 고급육 생산을 위하여 균형있게 발전되어야 한다.

소의 능력을 효과적으로 발휘하게 하기 위하여 과학적으로 근거가 확실한 비육기술이 활용되어야 한다. 비육은 밑소의 선택과 각 시기별의 사료급여의 결과가 종합적으로 지육에 나타나기 때문에 경험과 기술이 매우 중요하다. 소에게 목표로 하는 사료를 먹일 때는 기술과 경험이 중요하나 비육의 기본은 과학적 근거를 바탕으로 해야 한다.

2) 생산비 절감

송아지의 생산비를 줄이려면 인건비와 사료비를 줄려야 하는데 사료비는 변이가 많다. 방목지와 사료포를 이용하여 자급사료를 생산할 때 이용하는 기계에 따라 변이가 생긴다. 사료비를 절약하기 위하여 발효사료를 제조하여 이용하는 농가가 늘고 있다. 발효사료는 원료의 지속적인 확보에 애로가 있으며 때로는 영양분의 불균형으로 영양분결핍에 따른 문제를 일으키는 경우가 있다. 사료첨가제의 급여가 사료섭취량과 소화율을 증진시켜 생산효율을 높이나 생산비를 절감하는 데 도움이 되는지를 검토할 필요가 있다.

번식과 비육의 일관사육을 통하여 송아지를 자체에서 생산하면 밑소의 가격을 절감하여 고기의 생산비를 절감할 수 있으나 번식우의 수태율이 떨어지고 송아지의 폐사율이 높으면 오히려 송아지의 생산비가 높아져 고기의 생산비를 증대시키는 결과를 가져올 수 있다.

밑소의 가격과 지육가격이 불안정하면 두당 수익을 높이기 위하여 비육기간을 연장하게 된다. 그러나 비육기술이 좋으면 빨리 훌륭한 비육우를 생산할 수 있다. 1일 1두 생산비(비육우 출하가격-밑소가격)/비육기간이므로 비육기간이 지나치게 길면 1일 1두 생산비가 높아져 수입이 저하된다. 적절한 비육기간은 1일 1두 생산비를 줄이는 데 기여하며, 따라서 비육기간을 줄이는 비육기술이 필요하다.

83. 초음파 진단기에 의한 등지방두께, 등심단면적과 근내지방도의 측정과 활용방안

최근 사람에 있어서 초음파 진단기가 장기의 관찰과 임산부의 임시진단과 태아의 관찰 등 광범위하게 활용되고 있다. 최근 이 초음파 진단기로 비육 중의 소의 육질과 육량 특성을 측정하는 연구가 진전되었다. 그래서 우용 초음파 진단기를 사용하여 비육 중에 있는 소의 등지방두께, 등심단면적과 근내지방도를 측정하여 출하시기의 조절, 고급육 기술의 향상과 사양관리 개선에 활용하고 있다.

1) 초음파 진단기의 구성

(1) 본 체

본체는 측정한 여러 가지 정보를 입력, 출력, 저장하는 기능을 갖는 장치로 컴퓨터의 본체와 같은 기능을 한다.

(2) 화면장치

반사된 정보를 화상으로 나타내는 장치로서 컴퓨터의 모니터와 같은 역할을 한다.

(3) 영상기록장치

측정된 자료를 저장하고 출력하며 얻어진 영상을 파일이나 테이프에 기록하고 프린터를 이용하여 출력한다.

(4) 탐촉자

초음파를 발신하고 수신하는 장치이다.

2) 초음파 진단기의 사용요령

(1) 소의 보정

소를 보정틀이나 우형기에 보정하여 움직이지 못하도록 한다. 소가 움직이면 정확하고 선명한 영상을 얻을 수 없다.

(2) 측정부위의 털깎기와 이물제거

① 측정부위 : 복부 좌측으로 위 허리의 꼭지점, 즉 제13흉추와 요추가 만나는 점을 기준으로 등 중심선에서 복부 쪽으로 가로 15cm 세로 30cm 부위이다.
② 털깎기 : 여름의 경우에는 털이 짧아 깎지 않아도 무방하나 그 외 계절에는 가위로 털을 짧고 균일하게 깎는다.
③ 이물제거 : 털 사이에 톱밥과 같은 이물질이 끼어 있으면 좋은 화상을 얻을 수 없으므로 기름을 적당히 바른 후 등 긁게로 긁어 이물을 제거한다.

(3) 탐촉자에 의한 측정

털을 깎은 부위에 식용유나 유동 파라핀 오일을 충분히 바른 다음 탐촉자를 소의 위허리 꼭지점을 기준으로 등 중심선에 대하여 직각이 되게 댄다(그림 1). 정확하고 선명한 화상을 얻었을 때 화상을 정지시키고 저장한다.

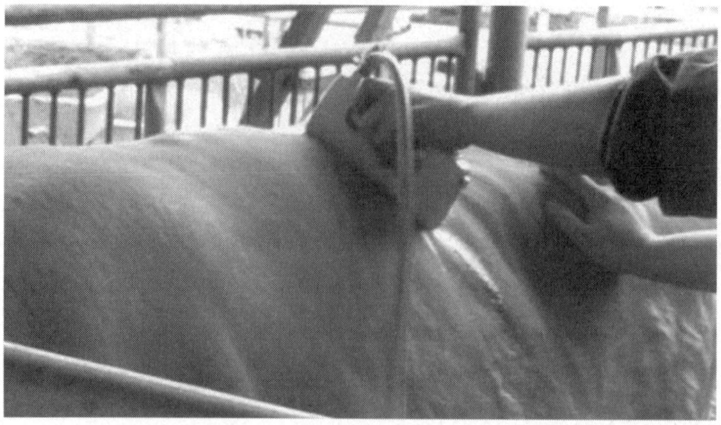

그림 1. 탐촉자 대는 부위

3) 진단부위의 해부학적 구조와 화상

도체의 등심부위의 절단면의 구조는 그림 2와 같이 근육, 지방 및 뼈로 되어 있다. 근육은 배최장근, 배다열근, 횡돌간근, 후배거근, 장늑근 및 대요근이 있다. 등심단면적 측정시는 배다열근과 횡돌간근은 포함되지 않도록 해야 한다. 지방은 등지방층과 근막으로 구분한다. 뼈는 극돌기, 척추, 제13늑골 및 제1요추 극돌기로 구분된다.

측정부위의 화상은 그림 3과 같이 표피층, 등지방두께층, 배최장근, 후배거근, 근막, 장늑근과 제1요추 횡돌기로 구분한다.

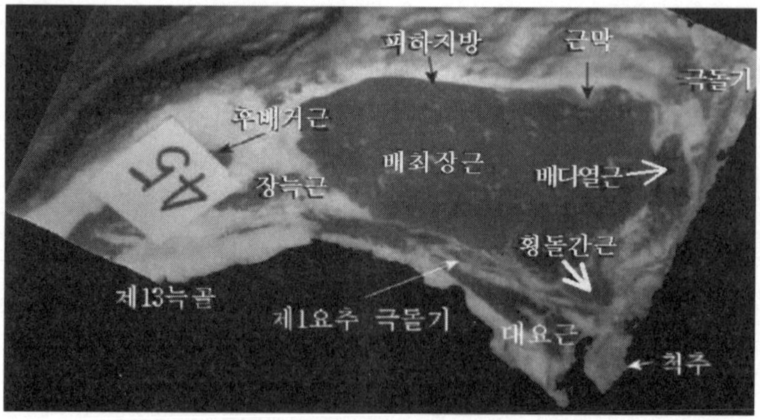

그림 2. 도체 등심 부위의 구조

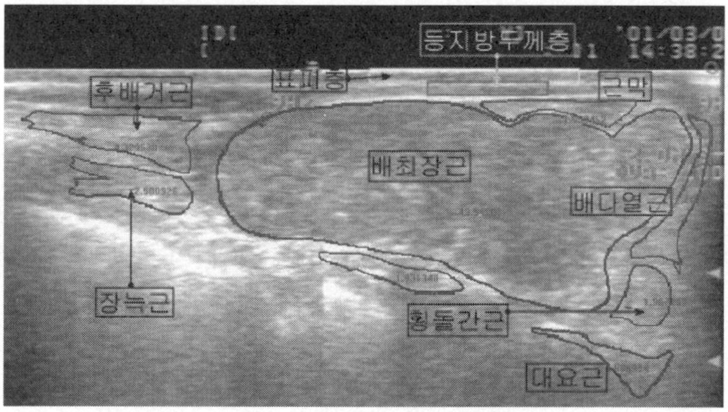

그림 3. 초음파 화상의 등심 부위의 구조

4) 초음파 화상 판독

(1) 표 피

그림 3에서 초음파 화상의 위에서 2번째 흰색선의 위에 검게 나타나는 부분이 표피이다. 표피의 두께는 2mm 내외로 거의 일정하게 나타난다.

(2) 등지방

초음파 화상의 위에서 2번째 흰색선의 상단부터 3번째 흰색선의 하단까지의 부분이 등지방층이다. 두께는 등 방향에서 얇고 복부 방향으로 내려감에 따라 두꺼워지는 것이 일반적이다.

(3) 등 심

① 등심 좌측(복부 방향) 경계 : 등심 좌측에서 반사가 불연속적으로 나타나는데 등심 하단부를 향하여 반원형태로 하강하는 윤곽을 볼 수 있다. 반원형태는 늑골 위에 있 는 장늑근의 바로 위를 통하므로 경계를 알 수 있다.

② 등심 하단부의 경계 : 등심 하단부의 중앙에서 다소 우측(등 방향)에 걸쳐 횡돌기에서 강한 반사가 보이는데 이 반사파가 등 중심선과 거의 수직으로 통한다는 것을 알 수 있다. 또한 등심경계 아래로 강한 반사가 연속적으로 나타나는데 이는 흉벽에서 반사되어진 것이다.

③ 등심 우측(등 방향)의 경계 : 배다열근과 횡돌간근의 좌측이 배최장근의 경계가 된다. 그러나 이들의 근육은 화상에서는 명확한 반사로 되돌아오지 않을 때가 많아 경계를 그릴 때는 주의를 요한다. 등심 우측 경계는 배다열근과 횡돌간근과 인접하기 때문에 역 S자

모양을 하고 있다.

(4) 근내지방도

근내지방도는 등심단면 내에 나타난 반사파 입자의 크기, 반사파의 출현 정도와 반사파의 분포 정도를 함께 고려하여 평가한다. 근내지방도가 높은 화상은 그림 4와 같이 반사파의 크기가 작고 부드러우며 전체적으로 넓게 고루 분포되어 있다. 근내지방도가 높으면 초음파의 통과가 어려워 등심 아래의 경계면을 확인하기가 어렵다.

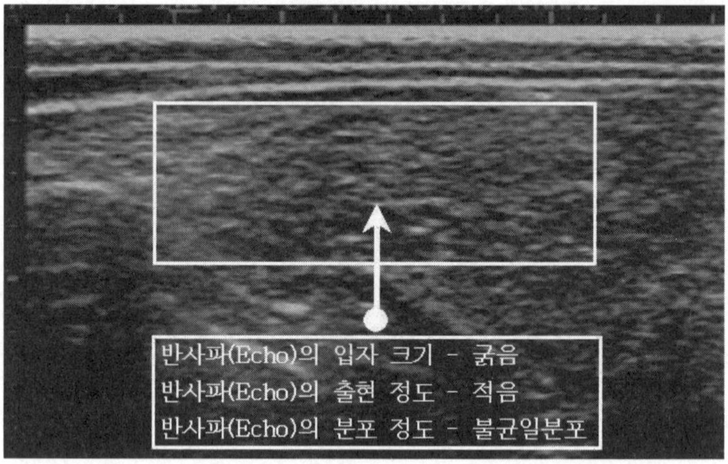

그림 4. 근내지방도가 낮은 화상

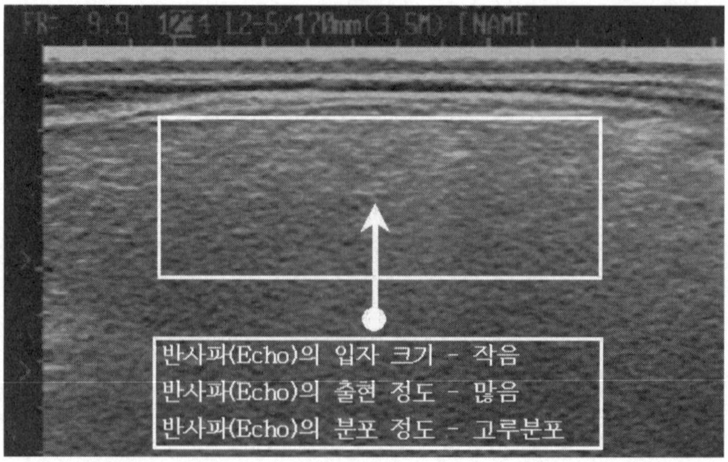

그림 5. 근내지방도가 높은 화상

근내지방도가 낮은 화상은 그림 5와 같이 전자파의 입자의 크기가 굵으며 반사파의 출현 정도가 적으며 반사파의 분포가 불균형하다. 근내지방도가 낮으면 초음파가 아무런 저항 없이 쉽게 통과하여 등심 아래 부분의 경계가 뚜렷하게 나타난다.

5) 활용방안

초음파 진단의 최대 장점은 소를 도살하지 않고도 그 소의 육질과 육량 특성을 추정할 수 있다는 것이다. 비육개시부터 종료시까지 단계적으로 초음파 진단을 실시하면 비육기간 중에 등지방의 두께, 등심단면적과 근내지방도의 변화를 추정할 수 있다. 이 추정치를 토대로 사양형태를 바꾸고 사료급여량을 조절하고 출하시기를 결정할 수 있다. 예를 들어 지방교잡이 들어가기 시작하고 있다면 비육기간을 좀더 연장하는 것이 바람직하며 등지방두께가 두꺼워져 있으면 비육을 중지하고 출하하는 것이 바람직하다.

생후 26개월에서 36개월 사이에 있는 암소를 대상으로 초음파 진단을 실시하므로 암소의 육질과 육량 특성을 추정할 수 있다. 육질과 육량 특성이 우수한 암소를 번식에 공용하면 육질과 육량 특성이 우수한 송아지를 생산할 수 있다.

6) 초음파 진단의 문제점

초음파 진단에 의한 화상은 진단을 실시하는 기술자에 따라 변이가 심하여 자료의 오류를 가져올 수 있다. 따라서 초음파 진단을 정확히 할 수 있는 기술자의 양성이 필요하다. 또한 CT나 MRA 처럼 화상이 정확하고 선명한 초음파 진단기의 개량도 요구되고 있다.

84. 축산물등급판정소는 어떤 기관이며 양축가를 위하여 어떤 일을 하는가

축산물등급판정소는 축산법에 의하여 축산물의 품질향상과 유통의 원할 및 가축개량의 촉진을 위하여 축산물(쇠고기, 돼지고기, 닭고기, 계란)에 대한 등급판정 업무를 수행하는 비영리적 공익법인이다.

1) 연 혁

축산물등급판정소는 1993년 8월 한국종축개량협회에 설치되었으며, 1994년 12월 축협중앙회로 2000년 7월 농협중앙회로 이관되었다가 2001년 7월 비영리적 공익법인으로 독립되었다.

2) 조 직

축산물등급판정소는 2004년 7월 현재 2부 1실, 4지역본부, 10지소, 20출장소의 조직을 가지고 있으며 정원이 232명이다. 등급판정은 도축장 110, 계란집하장 9, 도계장 3, 계 122개소에서 실시되고 있다. 판정소는 자체수입 약 40%와 정부가 지원하는 축산발전기금 60%로 운영되고 있다.

3) 주요업무

판정소는 축산물 등급판정, 축산물등급에 관한 교육 및 홍보, 축산물 품질 고급화를 위한 상담 및 기술지도와 국가 및 지방자치 단체로부터의 위탁사업을 실시한다.

4) 소의 등급판정 기준

소 도체등급은 도체지육에서 생산되는 쇠고기 수율(살고기 생산량)에 따른 육량등급과 육질에 따른 육질등급으로 구분한다. 도체등급은 2분할 도체의 제13흉추(늑골)와 제1요추사이의 절개면을 검사하여 판정한다. 육량등급은 도체중량, 등지방두께, 등심단면적을 측정하여 A, B, C의 3등급으로 판정한다. 육질등급은 배최장근(등심) 내 지방침착정도, 즉 근내지방도를 평가한 후 육색, 지방색, 근육의 조직감(조직의 결, 탄력, 광택 등) 및 성숙도(연령)에 의하여 1^{++}, 1^{+}, 1. 2. 3의 5개 등급으로 판정하고 육질 · 육량(예 1^{+} A)으로 표시한다.

2005년도 도체등급별 거세한우의 kg당 경락단가는 표 1과 같다. 등급이 높을수록 격락단가 높다.

표 1. 도체등급별 거세한우의 2005년 평균 경락단가(원/kg)

구 분	1^{++} 등급	1^{+} 등급	1등급	2등급	3등급	평 균
A등급	16,883	15,964	15,247	14,290	12,876	15,052
B등급	16,234	15,428	14,705	13,756	12,391	14,503
C등급	15,065	14,464	13,832	13,047	11,716	13,625
평 균	16,282	15,448	14,731	13,802	12,491	14,551

5) 등급판정 결과

2005년의 한우 11만 2천두의 등급판정결과는 육질등급 1^{++} : 9.8%, 1^{+} : 15.2%, 1 : 22.9%, 2 : 24.1%, 3 : 27.4%로 1등급 이상은 47.9%이었으며, 육량등급은 A : 47.4%, B : 41.3%, C : 10.7%이었다.

85. 일본 가고시마현 마구라사기 지방의 일관사육과 비육목장

2004년 8월 28～31일 일본 가고시마현 마구라사기 지방의 번식, 비육목장을 견학하였다. 목장별로 견학한 내용을 정리했다.

1) 유한회사 JTC

사장은 加治 明(가지 아기라)이다. 50세 전후로 보였다. 홀스타인 거세우 비육목장이다. 비육 우사는 평지에 건축되어 있었으며 동서로 놓여 있었다. 우사 방향은 동서가 좋다고 하였다. 우방 위에는 큰 선풍기가 달려있다. 우사는 건축한지 몇 년 안됐다. 도면을 입수하였다. 규모는 1,800두, 고용인은 5～6명이다. 고용인의 월급은 월 25만엔 정도, 포육센터에서 8개월령 거세우를 도입하여 12개월간(월령 20개월) 비육하여 750kg 전후 출하한다. 도입한 8개월령 거세우는 한 우방에 작은 것은 10두, 큰 것은 6～7두 수용한다. 도입한 소는 뿔의 끝 부분을 제각기로 자른 후 가스버너로 지져 지혈한다. 뿔의 끝을 무디게 하여 상처를 예방한다.

비육했을 때 육질은 B2～3이 나온다. 사료는 1일 2회 급여하며 1일 1두 배합사료 13kg, 톨훼스큐 건초 1kg, 짚을 준다. 퇴비 처리장은 우사와 떨어져 있었다. 큰 스키드로다가 인상적이었다.

2) 東川(히가시 가와) 목장

일관사육 목장이다. 일본 사람들은 생산 목장이라 한다. 목장주는 東川 勝廣이다. 아버지는 번식, 아들은 비육을 맡아하고 있다. 우사는 평지에 있다. 18,000평의 밭을 가지고 있다. 번식우 70두를 사육하고 있다. 30년간 소를 길러 왔다. 우사는 20년 전 건축한 것을 그대로 사용하고 있다. 번식우는 우사 내에서 스탄치온에 고정된 상태에서 사료를 먹는다. 사료 줄 때 개체관리가 가능하다. 사료를 먹지 않는 동안은 운동장에서 지낸다. 번식우의 평균 산차는 8～10산이며 18산인 소도 있다. 보여 달라고 하니 체구가 작고 갈비뼈가 보일 정도로 말라 있었다. 20년 전 소이니 체구가 작은 것도 이해가 된다. 생산한 수송아지는 전부 자체에서 비육하여 출하하므로 3산한 번식우를 더 기를 것인지는 3산 후 대략 판가름이 난다. 송아지의 비육 결과가 좋지 않으면 번식우군에서 도태된다. 번식우는 1 일 1두 농후사료 2kg를 급여하며 농후사료의 일부를 농부산물인 비지로 대치하기도 한다. 5～6개월령에 이유한다. 분만 1개월 전 분만실로 옮겨 분만케 한다. 조사료는 1일 2회 급여하는데 자체에서 생산된 것을 많이 급여한다. 말린 고구마 순이 우사 통로에 많이 쌓여 있었다. 최근 2개월간 비가 오지 않아 고구마 순 수확에 도움이 되었다. 암소의 체구가 작아 보였다. 평균 400kg 정도라 하였다.

비육할 소는 생후 3개월령부터 배합사료를 자유로 먹도록 하고 있다. 생후 30개월령에 출하한다. 육질은 출하 비육우의 5%가 특선이고 30%가 A5이다.

3) 大川(오가와) 축산

목장주는 大川正昭이다. 55세 전후로 보인다. 인공수정사 면허를 가지고 있다. 번식우 150두, 육성우 20두, 비육우 200두, 송아지 100두 계 470두를 사육하고 있다. 일관경영을 하고 있다. 돼지를 기르다가 소로 바꿨다. 우사에는 그 흔적이 남아 있다. 번식우는 농후사료를 1일 1두 1~1.7kg 급여한다. 분만실을 만들어 놓고 분만 1개월 전에 분만실로 어미를 옮긴다. 견학하고 있는 사이에 갓 태어난 송아지가 분만실에서 뒹굴고 있다. 분만실에 깔짚을 넣어주지 않는다. 분만 후 초유를 먹인 다음 송아지가 사료를 자유로 먹일 수 있는 별도의 우사로 옮겨 먼저 들어온 소들과 같이 2개월간 사육한다. 이시기가 매우 중요하며, 특별히 설사에 관심을 두고 관찰을 잘 한다. 이 시기에 발정이 와 수정한다. 수정이 된 소는 다시 다른 우사로 옮기며 분만 후 3~4월에 이유한다. 이 목장은 채소단지 안에 있어 농가들이 부산물을 가지고 오며 이 부산물을 번식우에 먹인다. 농가들에게는 대신 건조된 퇴비를 준다. 조사료로 수입 버뮤다그라스를 급여하고 있다. 버뮤다그라스는 kg당 33엔. 번식우 중에는 10산인 것도 있었다. 비육우는 10개월령부터 농후사료를 자유로 급여한다.

4) 하다구보 축산

목장은 산 중턱에 위치하고 있다. 15년 전 망한 감귤농장을 구입하여 감귤 밭에 우사를 지었기 때문에 우사가 계단식으로 지어져 있다. 대지 21만 평이다. 목장주는 62세 이다. 건축업도 하고 있다고 한다. 어떻게 목장을 하게 되었느냐고 물었더니 시간의 여유가 있고 소를 좋아하고 경험을 토대로 새롭게 하는 것이 재미가 있다고 한다. 현재 우사 2동을 새로 짓고 있었다. 지금까지의 경험을 바탕으로 새롭게 구상하여 짓고 있다고 한다. 우사의 높이를 전보다 낮게 짓고 있었다. 우사는 한 우방에 2마리를 넣는 구조다(3m×3m). 한 우방에 1~2두를 넣어야만 육질이 뛰어난 비육소를 만들 수 있다. 한 우방에 1마리씩만 넣은 우사도 있다고 한다. 현재 4,300두 사육 중이나 2동의 우사가 지어지면 5,000두 사육이 가능하다. 고용원은 25명이다. 현지에서 고용원은 비육우 200두 당 1명이 일반적이다. 경매시장에서 8~10개월령의 밑소를 구입하여 맨 아래에 있는 우사에 3개월간 수용하여 병을 예방하면서 이곳 환경에 적응시킨다. 입식한 후 비육기간은 20개월이다. 따라서 출하월령은 28~30개월령이며 출하체중은 760~780kg이다. 입식 후 3개월간은 배합사료, 짚, 수입 목초인 티머시를 급여한다. 4개월 이후는 배합사료와 짚을 급여한다. 배합사료는 1일 두당 7~8kg를 급여하다가 9~9.5kg 급여한다. 육질등급에 따라 다르나 비육한 소 한 마리의 평균 가격은 70~80만엔 이라고 한다.

본 목장은 퇴비처리 시설이 잘되어 있었다. 우사 끝 수 미터 아래 퇴비를 저장 처리하는 시설이 있다. 우사 위에서 스키트 로다로 처낸 분을 아래로 떨어뜨린 후 분을 쌓아 놓고 발효가 끝나면 건조하여 비닐봉투에 포장하여 판매한다. 한 포 13kg인데 250엔에 판다. 우사에 톱밥을 까는데 퇴비사에서 생산된 건조 퇴비와 톱밥을 1 : 1로 혼합한 것을 우방에 깐다. 섞는 이유는 건조 퇴비에 효모가 들어 있기 때문이다. 최초 톱밥을 깐 후 어느 정도 지난 후 그 위에 효모균을 뿌려 발효시켰기 때문에 처낸 퇴비에 발효균이 존재하므로 말린 이 퇴비를 톱밥과 섞으면 자연히 효모가 접종된다. 이것을 리사이클 이라고 하며, 이 지역에서는 대부분의 목장이 이 방법으로 하고 있다. 분뇨가 효모균에 의하여 발효되면 분뇨로부터 냄새가 나지 않으며 파리도 없다고 한다. 우사를 안내 받았을 때 분뇨 냄새가 거의 없었으며 파리도 거의 없었다.

농후사료 급여는 먹이통 위에서 떨어지는 식으로 자동화되어 있었으며, 짚은 손수레로 운반하여 급여하고 있었다. 우사를 돌아가며 목장주로부터 안내를 받는데 이 목장주는 이 소가 몇 월에 들어 왔으며 언제 나가는 지를 바로 바로 이야기 하였고, 흩어진 사료를 안으로 밀어 넣는 등 파악을 잘하고 있었으며 관리를 겸하여 우리를 안내하였다. 비육이 완료된 2 마리를 밧줄로 묶어 고정하고 있었다. 내일 출하하는데 하루 절식을 시키기 위하여 묶어 놓는다고 하였으며 절식을 시킴으로써 도축장에서 배설물의 양을 줄인다고 하였다. 품평회 출품을 위하여 따로 가두어 놓은 소를 보여주었다. 종업원들은 오전 10시에서 30분 오후 3시에서 30분 휴식시간을 갖는다.

5) 오다(小田) 축산

전형적인 비육목장이다. 평지에 한 동에 200두 들어가는 우사가 붙어서 줄지어 있다. 마치 공장에 들어선 기분이다. 3,000~4,000두 규모이다. 목장주는 小田健一(오다겐이찌)이다. 부재 중이었으며 목장주의 형님의 허가로 견학이 허용되었다. 우사는 통로를 가운데로 두고 우방이 양쪽으로 배치되어 있고, 한 쪽에 15개씩의 우방이 있으며 한 우방에 6~7두를 수용한다. 역시 8개월령의 밑소를 입식하여 22개월간 비육한다. 우사는 목조건물로 5년 전에 건축하였다고 한다. 사료와 짚을 개조하여 만든 지게차로 급여한다. 사료와 짚을 급여하는 지게차가 이 목장에서 처음 만들어 졌으며 대부분의 목장이 자기 사정에 맞게 설계 제작하여 이용하고 있다.

6) 구리노(栗野) 축산

우리를 안내한 구리노(栗野)씨의 부인이 경영하는 비육목장이다. 2동의 우사가 있다. 홀스타인 암컷에 화우 수놈을 교배하여 태어난 잡종을 비육한다. F_1 비육이라고 한다. F_1 밑소는 두당 18~20만엔 이라 한다. 300두를 여자 두 분이 관리한다. 간밤에 지나간 태풍으로 전 우방의 바닥이 진흙탕으로 엉망이 되어 있었다. 여자 두 분이 이 진흙탕을 묵묵히 긁어 내고 있었다.

말도 못 붙이고 안내자의 설명을 듣는 것으로 만족해야 했다. 우사는 나무로 지어 있었고 15년 전에 건축했다 한다. 규모는 작지만 사료와 짚은 개조된 지게차로 준다고 하였다.

7) 야마시다(山下) 축산

산 중턱에 있는 일관성 목장이다. 번식우 30두를 기르면서 비육도 겸하고 있다. 전체 350두 규모이며 3인이 관리한다. 번식우에 대하여 집중적으로 질문을 하였다. 번식우 1일 1두의 농후사료 급여량은 분만 전 후 2개월은 1.3~1.4kg이며, 그 외 기간은 0.8~1.0kg이다. 번식우가 한우 암소에 비하여 작게 보였으며 체격도 개체간의 변이가 많아 보였다. 대부분의 소가 갈비가 드러날 정도로 말라 보였다. 조사료를 1일 1두 4kg 급여하는데 옥수수 사일레지를 1일 1두 1.3kg 급여하며, 나머지는 건초를 급여한다. 옥수수 사일레지는 구입하여 급여한다. kg당 28엔에 구입하여 온다. 평균 산차는 7~8산이며, 최고 13산인 것도 있다.

번식우가 좀 마르게 보인다고 하였더니 생산우는 절대 살이 찌어서는 안 된다고 하였다. 대부분이 분만 후 30~60일내 발정이 와 수정된다. 분만 후 60일내 발정이 오지 않아 우테라이즈($PGF_{2\alpha}$)를 사용하여 발정을 유도한 적이 없다고 하였다. 분만 후 60일 내에 발정이 오지 않는 소는 이상이 있는 소이라고 하였다. 번식우는 수정 후 60일에 임신 감정을 하여 임신한 것과 임신하지 않을 것을 분리 수용하고 있다. 포유 중에 있는 송아지는 별도의 방에서 어린 송아지 사료를 먹을 수 있도록 되어있다. 젊은 후계자가 맡아서 경영하고 있다. 후계자는 인공수정사 면허를 소지하고 있다. 분만실을 7개 가지고 있다. 이유는 분만 후 3개월이다. 목장주를 비롯한 전 직원이 출퇴근을 한다. 이곳 대부분의 목장이 출퇴근제이다. 본 목장은 7 : 00~11 : 00 근무, 11 : 00~13 : 30 휴식, 1 : 30~17 : 00 근무로 되어 있다. 목장주도 출퇴근한다. 밤에 송아지 날 때 어떻게 하느냐고 질문하였더니 대충 밤에 날 기미가 있으면 주인이 밤에 와서 보고 간다고 하였다.

송아지 설사에 대하여 질문하였더니 설사는 거의 없으며 설사가 있을 때는 비오스리 에스 라는 세균제를 사료에 혼합 급여한다고 하였다. 어미소에게 고단백, 고에너지 사료를 급여하면 송아지가 설사를 한다고 하였다. 인공수정시 종모우의 선택은 계통을 중시하여 교배한다.

8) 다나베(田邊) 축산

산 중턱에 목장이 위치하고 있다. F_1 500두를 비육하고 있다. 안내자 구리노씨의 동창의 목장이라 한다. 소를 사육한지 30년 되었다고 한다. 구리노씨의 지도로 오늘의 목장을 이룩했다고 한다. 이번 태풍에 피해를 좀 보았다. 우사 지붕의 일부가 손상을 보고 우사 일부가 부서졌다. 약간 오래된 목재 우사였다. 분위기가 어수선하여 제대로 물어 볼 수가 없었다. 8개월령 밑소를 입식하여 22개월간 비육하여 출하하는 형태이다. 출하시 평균 두당 70~80만엔을 받는다고 한다.

이 이외에도 여러 목장을 견학하였는데 목장주와 이야기를 나누지 못해 생략한다.

9) 안내자 구리노 데라시(栗野 照志)씨의 이야기

1994년 축산연수생이 연수 갔던 일본 8 농가의 명부를 한국종축개량협회에서 입수했다. 농가 안내를 어느 분에게 부탁할까 생각하다 무심코 소를 제일 많이 기르고 있는 구리노씨를 택했다. 전화를 하여 본인을 소개하고 10년 전 한국 연수생 이야기를 환기 시켰다. 한국에서 한우 800두를 사육하고 있는 대림 목장의 이순국씨와 그곳을 방문하여 화우 비육 번식농가를 2박 3일 일정으로 견학하고 싶다고 하였더니 쾌히 승낙해 주었다. 그리고 본인이 가고시마 비행장까지 마중 나와 주겠다고 하였다. 태풍으로 하루 늦어져 3박 4일간 헌신적으로 안내하여 준데 깊은 감사를 드린다.

구리노씨는 17세부터 소를 기르기 시작하였으며 현재 57세이다. 2년 전 아내와 두 아 들(각각 비육우 1,000두 규모)에게 사업을 각각 물려주고, 소 기르기는 은퇴하고 12만평의 감귤 과수원을 경영하고 있다. 현재 坊津町議會議員이고 栗野自治公民館長이다. 은퇴하고 사회봉사를 주로 하고 있는데 이번 우리일행의 안내도 사회봉사 차원에서 받아드렸다고 하였다. 우리가 머무른 숙소는 마구라사기 이었는데 이곳에서 가고시마 비행장까지는 고속도로를 거쳐 차로 1시간 반 소요되며, 도로요금도 1,360엔 든다.

구리노씨가 안내하면서 이야기해준 내용을 요약한다. 현재 8개월령된 화우 값은 평균 암놈 37만엔, 수놈 40~50만엔 이다. 22개월 비육 30개월령의 출하가격은 80만엔~100만엔 이다. 정액 값은 종모우에 따라 차이가 있어 1 스트로당 싼 것은 300엔, 비싼 것은 1~2만엔 이다.

본 규슈지방에는 사탕수수를 많이 재배하고 있는데 이 사탕수수 박이 조사료 자원으로 시판되고 있으며 번식농가가 이를 이용하고 있다. 본인은 지금으로부터 7년 전 9개 목장의 목장주를 소집하여 비육우 3,000두를 기초로 마구라사기 우 라는 브랜드를 만들었다. 우방 바닥의 발효에 이용되는 효모균의 제조방법에 대하여 강조하여 가르쳐 주었다. 토종균을 이용하는 것이 바람직하다고 하였다. 산에 습기 있는 곳에 하얗게 핀 곰팡이가 있는데 이를 긁어모아 가지고 와서 쌀겨와 1 : 1로 섞어 수분이 약 60%로 되게 하여 놓아두면 하얗게 발효가 된다. 이를 다시 쌀겨와 1 : 1로 섞어 수분이 60%되게 하여 놓아두면 다시 발효하여 하얗게 된다. 혼합물을 손으로 꽉 쥐었다가 놓았을 때 약간 흩으러지면 수분 60%이다. 이를 반복하여 만든 효모를 우방 바닥에 뿌리면 발효가 진전되어 분뇨냄새가 없어지며 파리도 없어진다. 처낸 톱밥분뇨는 효모가 접종되어 있기 때문에 처낸 톱밥분뇨를 건조 분쇄하여 다음 톱밥 깔 때 1 : 1로 혼합한 것을 깔아주면 우방바닥에 효모를 뿌려 줄 필요가 없다. 이를 효모균의 리싸이클이라 하며 대부분의 농가가 이 방법을 활용하고 있다.

이 지방에서는 초유를 3일 먹인 송아지를 경매장에서 사다가 1일 2회 인공포유하여 비육밑소로 육성하여 비육하는 목장도 있다. 이는 비육 밑소의 구입비를 절약하는 데 목적이 있다. 송아지가 11월 15일에서 2월 15일 사이에 분만하지 않게 계절번식 하는 농가도 있다. 가고시마현에는 많은 경매장이 있고 경매장마다 그 특성도 다양하다. 화우 수소 8개월령을 기본으로 경산우, 8개월령 F_1, 8개월령 홀스타인 거세우, 초유떼기 송아지 등 목적에 따른 소의 경매장이 있다. 큰 경매장은 1개월에 한 번 열리는데 열리면 1주일간 계속되며 하루에 300~400두가 경매된다. 마구라사기만 하더라도 거의 매일 경매장이 열려 있다. 전국의 경매장의 경매 일정표가 나와 있어 매일 어디서나 소를 팔고 살 수 있다.

비육 농가는 본인이 사료 배합률을 정하여 사료회사에 의뢰하여 배합한 사료를 사용한다. 경험을 바탕으로 본인이 원하는 육질의 소를 만들 수 있다고 믿고 있다. 사료는 옥수수 30%, 보리 30%를 기본으로 밀기울, 쌀겨, 대두박 등 10여종의 원료가 포함된다.

대부분의 목장이 목장주는 물론 고용원이 출퇴근한다. 대충 8시 출근 5시 퇴근이다. 목장을 밤에 비어 놓아도 소도둑은 없다고 한다. 일본에서는 소가 죽으면 자체에서 매장할 수 없으며 처리센터에 전화하면 처리해주는데 처리비용이 두 당 3만엔 이다.

한 우

100문 100답

(육종 · 번식 · 사양 · 비육 · 질병)

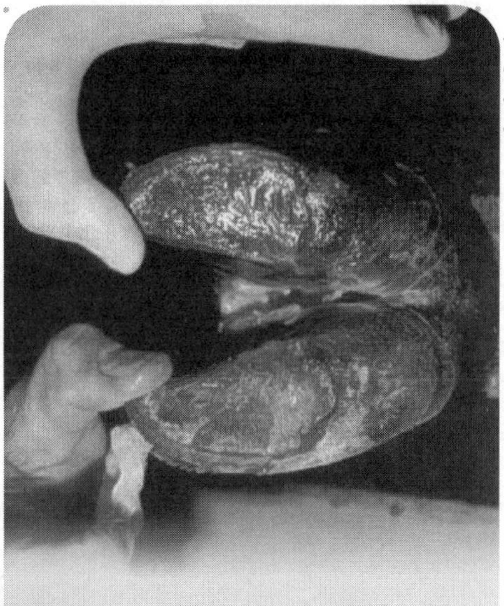

제 5 장 질병

제 5 장 질 병

86. 소의 건강은 어떻게 진단하나

소를 기르는 사람은 소의 생리, 동작, 병의 유무를 매일 관찰하여 소의 건강상태를 잘 파악해야 한다. 이상이 있으면 병을 조기 발견하여 응급조치를 하든가 수의사에게 진단을 받아 사고에 의한 손해를 줄여야 한다.

1) 외견에 의한 진단

소의 건강상태는 먼저 소의 눈동자에 의하여 어느 정도 판단할 수 있다. 건강한 소는 눈동자를 좌우로 활발하게 움직이고 눈을 자주 깜박이며 눈곱이 없이 상쾌하게 보인다.

건강한 소는 비경에 적당한 습기가 있으나 이상이 있는 소는 비경이 건조하거나 콧구멍에서 많은 콧물이 흐른다.

코, 입, 음부에서 이상한 분비물이 흐르는지를 확인하는 것이 중요하다. 건강한 소는 피부가 단단하지 않고 탄력성이 있으며 피모는 광택이 있고 봄가을 2번 조기 탈모한다. 이상이 있는 소는 탈모가 현저히 늦어지고 탈모 부위가 그대로 남아있다.

소는 생리적으로 땀을 비경을 통해서 내는데 드물게 고온다습시는 목어깨 부위에서 극소량 내는 경우가 있다. 이상고열, 소화기병 및 대사장애가 있는 경우 몸 전체 또는 몸의 좌우에서 땀이 난다.

2) 식욕, 반추에 의한 진단

식욕은 건강상태의 확실한 지침이다. 번식장애를 제외하고 병에 걸리면 식욕이 부진하고 떨어진다. 사료급여시에 바로 일어나서 사료조에 다가와 왕성한 식욕으로 사료를 먹는 소는 건강하다.

아침저녁 2회 급여시 남은 것이 있는지 확인할 필요가 있으며, 특히 야간에 돌아보며 소의 식욕을 파악하고 누워 휴식하는 상태, 배분상태를 관찰하면 병을 조기에 발견하는 데 도움이 된다.

또 반추는 제1위의 운동과 관련이 있으며 1일 8시간이상 반복하여 반추하는 소는 건강하다. 병으로 식욕과 반추가 없었던 소가 반추를 하게 되면 병이 좋아졌다고 생각해도 좋은 경우가 많다.

군사하는 송아지와 비육우에 대하여 식욕과 반추상태를 개체별로 관찰해야 한다.

3) 체온, 호흡, 맥박에 의한 진단

성우의 체온은 38.0~39.5℃, 송아지는 38.5~39.5℃로 개체간에 차가 있다. 전염병, 폐렴, 위장병 등이 있을 때는 40℃이상의 열이 올라갈 때가 많다. 체온은 1일차가 있어 아침에 낮고 저녁에 높은 개체가 있으므로 아침저녁으로 2회 측정할 필요가 있다.

40℃이상의 높은 열이 나거나 성우의 폐렴, 급성 고창증, 송아지의 흰 설사 등으로 탈수가 일어나 체온이 36~37℃로 내려갈 때는 중증이라고 볼 수 있다. 체온을 측정하여 이상이 있을 때는 바로 수의사에게 진찰을 받아보는 것이 좋다.

호흡수는 1분간 성우는 10~30회, 송아지는 30~40회이다. 호흡할 때 내쉬는 공기에 냄새가 있는 소, 호흡수가 많고 빠른 소, 가슴에서 배에 걸쳐 파도치는 것과 같은 흉복식 호흡을 하는 소, 두경부를 신장하며 콧구멍을 확장하여 호흡을 하는 소는 호흡곤란을 일으키고 있는 것이다.

맥박수는 1분에 성우는 40~80회, 송아지는 80~100회이다.

4) 오줌과 똥에 의한 진단

배분 수는 1일 10~15회, 성우는 15~25kg로 분의 상태는 밀가루 반죽모양으로 적당히 단단하고 땅에 떨어졌을 때 계단이 있는 정도가 좋으며, 딱딱한 작은 덩어리의 형태나 떨어질 때 튀는 똥은 이상이 있는 것이다. 비육우 또는 방목우는 우사 안에 있는 번식우 보다 약간 연변이고 횟수도 많다.

똥의 색은 사료의 내용에 따라 다른데 황갈색이나 암갈색이 보통이다. 성우에서 흑갈색이나 적갈색, 송아지에서 황백색, 회백색 또는 백색 똥에 혈액이 섞여 있을 때는 특히 주의할 필요가 있다.

배뇨횟수는 1일 8~10회가 보통이다. 오줌의 양은 8~10ℓ 로 오줌은 약간 황색을 띠는 것이 건강한 오줌인데 적색, 적암갈색은 출혈에 의한 것으로 방광과 신장질환 우에 많으며, 담유백색은 요석증에 걸린 소에 많다.

87. 신생 송아지 설사(Neonatal Calf Diarrhea)의 원인, 증상, 예방과 치료

송아지의 설사는 출생 직후부터 30일 사이에 어린 송아지에 발생하고 급성적이며 감염률이 높고 치사율이 높아 양축가에게 적지 않은 경제적 손실을 가져다준다. 때문에 양축가는 신생 송아지 설사병에 대하여 공부를 하여야 하며 송아지가 분만하기 2개월 전부터 송아지 설사 예방프로그램을 짜기 시작하여야 하고, 백신을 미리 구입해 놓아야 하며 치료에 필요한 약제도 준비해두는 것이 바람직하다.

1) 원 인

송아지의 설사는 세균, 바이러스와 원충류와 같은 병원체의 감염에 의하여 발생한다. 설사를 일으키는 세균은 장 병원성 E 대장균(*E. coli*)인데 흰 설사를 일으킨다. 설사를 일으키는 바이러스는 로터바이러스(Rotavirus)와 코로나바이러스(Coronavirus)이다. 원충류는 크리프토스포리디움 파범(*Cryptosporidium parvum*)이다. 송아지의 설사는 이런 병원체들의 단독 또는 혼합 감염으로 발생한다.

2) 증 상

설사의 초기 단계에서는 송아지는 활기가 있고 잘 먹는 것처럼 보이나 대변의 양이 많아지고 수분 함량이 증가한다. 상태가 진행이 되면 변의 양과 수분 함량이 증가하며 배설물이 묽어진다. 이 단계에서 꼬리의 부착부분과 엉덩이가 약간 젖는다. 물똥을 많이 싸므로 몸의 수분과 전해질이 손실되어 몸의 여러 부분에서 탈수현상을 보인다. 피모가 건조해지고 궁상맞게 되며 배가 꺼지고 눈과 코와 입이 건조해진다. 송아지의 상태가 더 악화되면 눈이 들어가고 피부를 당겨보면 서서히 제 위치로 돌아간다. 이때 송아지는 아주 약해져서 서지를 못하거나 머리를 들지 못한다. 죽음이 얼마 안 남게 된다.

송아지의 체온은 설사를 진단하는 데 별 도움이 못된다. 체온은 일반적으로 정상이나 초기 단계에서는 약간 올라가나 상태가 나빠지면 낮아진다.

설사의 초기 단계에서는 아주 적은 비용으로 성공적으로 치유할 수 있으나, 악화되면 치료비용이 많이 들고 탈수가 심해 쇠약해지면 예후가 나빠진다. 병이 심한 경우에는 수의사의 치료를 받아야하며 좋은 결과를 기대할 수 있다.

설사하는 동안 송아지는 심한 갈증을 보인다. 이때 따뜻한 전해질 용액이나 매우 염도가 낮은 식염수를 자주먹이면 잘 마시며, 탈수와 전해질의 손실이 보충된다. 많은 양축가들이 설사하는 송아지에게 전해질용액이나 식염수를 먹이지 아니하므로 송아지는 갈증의 해소를 어미의 젖에만 의존하게 되며 설사를 더 악화시키는 결과를 가져온다.

적절한 조치가 이루어지면 설사는 아주 가볍게 치유된다. 그러나 무관심 속에서 그대로 내버려두면 설사가 심해져 2~3일 내에 죽게 된다.

3) 예 방

송아지 설사의 원인은 병원체의 감염에 의한 것이므로 송아지가 사육되는 환경이 병원체에 오염되지 않도록 주위환경을 깨끗이 하고 소독을 철저히 해야 한다. 송아지는 병원체에 감염된 어미들과 송아지들이 배출한 분변 내 바이러스에 의하여 감염되므로 우선 어미소가 병원체에 감염되지 않도록 하고 감염되어 설사하는 송아지는 격리 수용하면서 치료를 해야 한다.

로터바이러스의 잠복기는 2~3일이고 코로나바이러스의 잠복기는 18~24시간이다. 로터바이러스 감염에 의한 송아지의 설사 시기는 생후 4~14일령 이고, 코로나바이러스 감염에 의한 송아지의 설사 시기는 생후 7~30일령이므로 생후 1주일 이내에 병원체에 노출되지 않도록 조치를 취할 필요가 있다.

가장 좋은 방법은 송아지를 위생적인 분만실에서 분만케 하는 것이다. 분만실은 분만 전에 미리 깨끗이 소독하고 짚을 깔아 놓는 것이 바람직하다.

송아지 설사의 발병률은 영양상태가 좋지 않은 어미에서 태어난 송아지와 영양상태가 좋지 않은 어미의 젖을 빠는 송아지에서 높으며 2, 3, 4산 우의 송아지보다는 초산우의 송아지에서 높다. 따라서 분만 전후의 어미의 영양상태를 좋게 하는 것은 송아지의 설사를 예방하는 좋은 방법이 되며, 송아지 설사의 예방을 위해서는 초산우 송아지의 분만 후 관리에 특히 유의할 필요가 있다.

설사병에 걸리느냐 안 걸리느냐는 송아지 설사를 일으키는 세균, 바이러스와 원충류에 노출되었을 때 송아지의 병원체에 대한 저항력과 면역능력에 좌우된다. 따라서 송아지의 설사를 예방하는 프로그램은 병원체에 대한 송아지의 저항력과 면역능력을 증가시키는 데 초점을 두어 세워야 한다.

초유는 신생 송아지에게 병원체에 대한 항체를 공급해주는 원천이다. 따라서 송아지 가 분만하면 가급적 빠른 시간 내에 초유를 충분히 먹도록 해주어야 한다. 이 책 "송아지에게 꼭 초유를 빨리 먹어야하는 이유"를 꼭 읽어주기 바란다. 초유 중의 항체는 직접 송아지의 소장에서 흡수되어 순환계로 운반되며, 장 내에서 설사를 일으키는 세균과 바이러스의 감염을 막아준다. 대부분의 송아지들은 출생 후 얼마 안 되어서 세균과 바이러스에 감염되므로 송아지가 출생 후 바로 초유를 먹었느냐를 확인하는 것은 송아지의 설사를 예방하는 중요한 열쇠가 된다.

송아지가 어미로부터 초유를 빨지 못하면 어미가 송아지에게 초유를 빨도록 또는 송아지가 어미로부터 초유를 빨도록 유도를 해주어야 한다. 그럼에도 불구하고 송아지가 초유를 빨지 못하는 경우가 드물게 있다. 이런 경우를 대비하여 젖소 목장에서 초유를 얻어다가 큰 생수나 음료수병에 넣어 냉장고의 냉동실에 동결 보관하여 두었다가 녹여 따뜻하게 하여 먹이면 된다.

바이러스에 대한 송아지의 저항력과 면역성을 향상시키는 3가지 방법이 있다.

① 임신한 어미에게 분만 4와 2주전에 로코백(로터바이러스와 코로나바이러스 백신, 1병에 6,000원 내외) 백신을 주사해 주는 것이다. 분만 전에 어미에게 로코백 백신을 주사하면 어미에서 초유에 이행하는 항체의 역가가 향상되며 따라서 초유에서 송아지에게 이행하는 역가도 높아져 송아지가 병원체에 감염되는 것을 막을 수 있다.

② 갓 태어난 송아지에게 초유를 빨리기 전에 로코백 2병의 백신을 경구투여해 주는 것이다. 경구 투여된 백신은 먼저 감수성 세포인 소장점막상피세포에서 백신 바이러스를 증식시켜 인터페론을 생산하고 백신투여 후 5~7일에 국소 항체를 생산하여 바이러스의 감염을 막는다. 이 백신의 경구투여는 초유의 효과를 항진시킨다.

③ ①의 방법과 ②의 방법을 겸용하는 방법인데, 다두 사육목장에서 실시한다. 다두 사육목장에서는 많은 수의 임신한 암소를 분만 전 4주와 2주를 골라 백신주사하기가 용이하지 않다. 그래서 분만예정일에 해당하는 월에 무조건 임신우에 백신을 1회 주사하고 송아지가 분만하면 초유를 빨기 전에 송아지에게 백신을 2병 경구투여 한다.

송아지설사 예방의 5 수칙은 ①초유를 분만 후 빨리 먹도록 하고 ②송아지에게 스트레스를 최소화하고 ③병원체에 대한 송아지의 면역성을 높여주고 ④병원체의 운반 또는 유입 가능성을 차단하고 ⑤병원균의 전파 기회를 최소화하는 것이다.

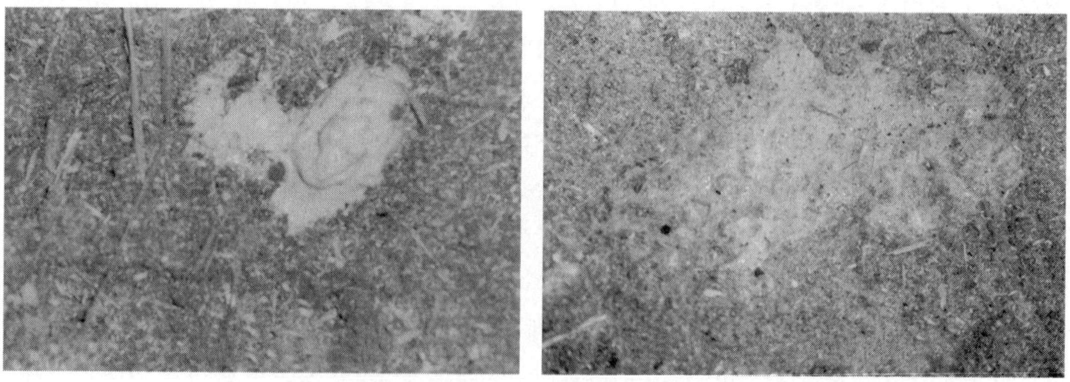

그림 1. 송아지 설사

4) 치 료

치료방법은 일반적으로 4 가지가 있다.

① 송아지의 우유 섭취량을 체중의 5% 이하로 줄인다. 송아지에 첫 설사 증상이 나타나면 12 또는 24시간 동안 우유 섭취량을 줄인다.

② 전해질 용액이나 생리적 식염수를 먹인다. 우유 섭취량을 줄이면서 전해질 용액이나 생리적 식염수(식염 0.86%)를 젖병을 이용하여 송아지가 섭취할 만큼 매 3~4시간 마다 먹여 줄인 우유 양을 대치하도록 한다. 전해질 용액을 적절히 먹이면 송아지를 폐사케 하는 탈수와 대사장애를 줄일 수 있다. 전해질 용액은 수의사의 처방을 받거나 구입하여 사용한다. 전해질 용액 투여를 너무 늦게 하거나 소극적으로 조치하면 송아지를 잃게 된다.

③ 포도당액을 정맥주사라 한다. 10%포도당+비타라이트액을 정맥주사 해준다. 포도당액을 정맥주사 하므로 탈수를 방지할 수 있다.

④ 항생제를 투여한다. 세균감염에 의해 설사하는 송아지에게 항생제를 투여하면 치료효과가 있으며, 감염된 송아지의 변에서 나오는 세균을 제거하는 데도 효과가 있다. 송아지의 설사를 잘 극복하려면 분만 후부터 송아지를 잘 관찰해야 한다.

88. 셀레비트, 지모솔, 디센탈로 송아지의 설사치료

태어난 송아지는 여러 가지 원인으로 설사를 하게 마련이다. 그 원인으로는 타고날 때 약하게 태어났거나 태어난 후 초유를 잘 먹지 못했거나 젖을 잘 먹지 못했거나 바이러스나 세균의 감염 등을 들 수 있다.

설사를 하는 송아지에게 시판하는 셀레비트, 지모솔, 디센탈을 적절히 주사해 줌으로써 설사를 치료할 수 있다. 셀레비트는 세렌삼염 5mg, 비타민 E 700mg, 비타민 B_{12} 1,000mg, 비타민 B_1 200mg, 아데노신-5-인산 50mg, 솔비톨 500mg을 함유한 약제로 송아지가 일어서지 못하거나 젖을 잘 못 빨거나 식욕이 부진할 때 사용한다. 10ml 한 병 단위로 되어 있다. 지모솔은 면역 증강작용을 하면서 탈수를 치료하는 약제이다. 30ml 한 병 단위로 되어 있다. 디센탈은 장에 혈액공급을 많이 해주고 장을 진정시켜주며 세균이나 바이러스가 분비하는 독소를 중화시켜주고 염증을 치료해주는 약제이다. 50ml 한 병 단위로 되어 있다.

송아지가 원기가 부족하고 젖을 잘 못 빨 때면 셀레비트 한 병 10ml을 1일 1~2회 주사해준다. 분만 후 1주일 내에 주사해주면 송아지의 원기를 회복시킬 수 있다. 송아지가 설사를 시작하면 지모솔을 1개월령 이전까지는 두당 5ml을 주사하고 1개월 이후에는 두당 10ml을 주사한다. 설사가 심해지면 디센탈을 두당 5ml 1일 1~2회 주사한다. 설사하는 상태를 보아 셀레비트, 지모솔, 디센탈을 적절히 주사해주면 설사가 치료된다.

이 처방은 가야목장의 김수경 사장이 본인에게 알려준 것이며 본 연구소에서 2003년 태어난 설사하는 송아지에게 응용하여 효과를 보았기에 여기에 소개한다.

89. 만성설사 치료 "예"

2004년 7월 2일에 수송아지가 분만하였다. 송아지에게 활력을 증진하기 위하여 7월 2일에 비타민-E 제제인 셀레비트 10ml와 종합비타민제인 비킨톨-E를 3ml 주사하였다. 7월 3일 다시 셀레비트와 면역 증강제인 지모솔 5ml을 주사하였다. 분만 후 13일인 7월 15일에 약간 설사를 하므로 셀레비트와 바이러스성 장염 치료제인 디센탈 5ml을 주사하였다.

분만 후 40일이 지난 8월 12일에 다시 설사를 하여 셀레비트와 디센탈을 주사하였다. 치료에도 불구하고 설사를 하므로 8월 26일과 27일 비칸톨-E와 디센탈을, 9월 5일과 6일에 셀레비트와 디센탈을 주사하였다. 계속적인 치료에도 불구하고 자색의 묽은 설사를 하는데 송아지에게는 마르거나 원기부족의 별다른 영향은 없었다.

바이러스성이 아닌 세균성 설사로 생각하고 9월 10일과 11일 겐타마이신 20ml을 주사하였다. 9월 15일 생후 75일에 이유하였다. 이유 후에는 어린 송아지사료, 알파알파 건초 펠렛과 짚을 자유로 먹게 하였다. 자색의 묽은 설사가 계속되므로 9월 20일 겐타마이신과 비칸톨-E, 9월 22일 겐타마이신과 티모솔, 9월 30일 겐타마이신과 비칸톨-E, 10월 5일과 6일 디센탈과 겐타마이신을 주사하였다. 그래도 설사는 계속되었다.

11월 15일 송아지를 격리수용하여 중송아지 사료를 1회 1kg 아침저녁으로 제한급여 하면서 강력지사제, 급만성장점막염 치료제인 스트로베린말을 사료 위에 2g을 뿌려주었다. 설사가 점점 굳어지면서 스트로베린말 급여 후 약 1개월만에 정상 변으로 바뀌었다.

격리수용하여 사료를 제한급여하고 스타베린말을 급여한 것이 주효하여 만성설사가 치료되었다.

90. 호흡기병은 어떤 경우에 걸리며 그 증상과 예방 및 치료

호흡기병은 폐사 사고의 상위를 점하는 질병으로 생산성을 떨어뜨리는 큰 원인이 되고 있다. 이 병은 여러 종의 세균, 마이코플라스마, 바이러스 등의 미생물의 감염에 의하여 생긴다.

일반적으로 호흡기병은 파라인플루엔자 바이러스-3(parainfluenza virus-3), 소 호흡성 신시티얼 바이러스(bovine respiratory syncytial virus), 소 헬페스 바이러스-1(bovine herpes virus-1), 아데노 바이러스(adeno virus) 등의 바이러스가 먼저 감염된 후 세균이나 마이코플라스마가 2차 감염된 위에 사육환경과 기후의 급변, 장거리 수송, 사육관리의 허술 등의 환경 또는 인위적 스트레스에 의해 소의 생체방어능력이 저하하여 병으로 진행되는 것으로 생각된다. 즉 소의 호흡기병의 대부분은 병원체, 환경, 소의 3요인의 상호작용으로 발생한다고 할 수 있다.

젠센(Jensen) 등은 폐염에 걸린 송아지 354 예에 대하여 세균학적으로 검색한 결과 221 예가 파스트렐라(pasteurella), 177 예가 마이코플라스마, 122 예가 두 균의 혼합감염 이었다고 보고하였다.

1) 파스트레라 증

(1) 발생과 역학

본 증은 연중 발생하며 사육환경, 기후의 급변, 장거리 수송 등의 스트레스가 있을 때 많이 발생한다. 또한 고밀도 사육장에서 많이 발생하는 경향이 있다. 본 증은 월령에 관계없이 발생이 인정되나 89.3%가 생후 12개월 이하의 육성우에서 발생한다. 특히 육우에서는 송아지가 초유를 못 먹었거나 초유의 섭취가 불충분하고 여러 가지 병원체에 대한 저항성이 낮았을 때 오는 것으로 생각된다. 또한 호흡기병의 50%는 도입 후 1개월 이내에 발생하는 것으로 보고 있다.

(2) 임상증상

무증상으로 경과하는 것이 많으며, 발병률은 수%~20% 정도이다. 본 증은 야외에서는 바이러스와 마이코플라스마, 기타 세균과의 혼합 감염에 의하여 발생하는 것으로 많이 알려져 있다. 임상증상은 혼합 감염한 병원체의 종류와 사육환경 등의 요인에 의하여 다르다. 일반적으로 발증우는 열이 나고 눈물을 흘리며 콧물이 나오고 기침을 하며 식욕이 감퇴하고 원기가 소실되며 숨이 차는 등의 임상증상이 있다. 중증으로 사망하는 경우도 있다. 호흡기병에 의한 사망 폐사율은 1~2%이다.

(3) 예방과 치료

송아지에는 초유를 충분히 먹이고 도입 또는 군사하기 전에 호흡기병의 원인 바이러스인 파라인플루엔자 바이러스-3, 소 헬페스 바이러스-1 등의 바이러스에 대한 예방접종을 실시하고 스트레스를 되도록 주지 않도록 대책을 강구하는 것이 중요하다. 임상상 이상이 있는 소는 동거우의 감염의 확대를 방지하기 위하여 빨리 격리하여 적절한 치료를 하여야 한다. 본증의 치료에는 페니실린, 안티시린, 스트렙토마이신, 옥시테트라사이클린의 투여가 유효하나 이들 약제에 대한 내인성 균의 출현이 보고되어 있으므로 약제의 선택에 주의할 필요가 있다.

사육환경 면에서는 밀사를 피하고 축사의 환기와 보온에 유의하고 축사를 정기적으로 소독하고 환경 스트레스를 줄이도록 노력해야 한다.

2) 마이크로플라스마 폐렴

(1) 발생과 역학

소의 기관지 폐렴의 원인균으로 엠 보비스(*M bovis*), 엠 보비제니타리움(*M bovigenitalium*), 엠 디스파(*M dispar*), 우레아플라스마 디버섬(*Ureaplasma diversum*) 등이 보고되고 있다. 또 엠 보빌히니스(*M bovirhinis*)도 폐렴우에서 분리되는 경우가 많은데, 이 균은 2차 감염 형식으로 소의 폐렴에 관여하는 것으로 생각된다.

본 증은 1～3 개월령의 밀사 우군에서 많이 발생한다. 성우가 초감염되는 경우는 거의 없으며, 육성기에 감염된 것이 완치가 안 되어 만성으로 이행하는 경우가 있다. 연중 발생하며 발생률은 동계에 높은 경향이 있다. 또한 도입 후 1개월에 많이 발생한다. 마이크로플라스마는 주로 보균 소의 콧물을 통해서 직접 감염되는 것으로 생각된다.

(2) 임상증상

감염 초기에는 눈 점막이 충혈하고 눈물이 흐르며 열이 조금 나고 기침을 조금하고 수양성 콧물이 나오는 등의 임상증상을 보이는 경우가 있으나 대부분의 소는 증상이 없이 지난다.

야외에서는 한냉감작, 수송, 도입, 밀사 등의 환경 스트레스와 바이러스 및 세균의 혼합 감염 등의 요인이 추가되어 증상이 악화된다. 40～41℃의 열이 나며 기침을 하고 누런 콧물을 흘리며 병상이 계속되면 호흡곤란으로 헛소리를 낸다.

(3) 예방과 치료

마이코플라스마는 본래 송아지에 대하여 그렇게 강한 병원성을 가지고 있지 않기 때문에 사육환경이 좋고 바이러스와 다른 세균과의 혼합 감염이 되지 않으면 임상적으로 증상이 없이 경과하는 경우가 많다. 때문에 본증을 예방하기 위해서는 바이러스의 감염을 막고 양호한 사육환경을 유지하는 것이 중요하다. 바이러스의 감염을 예방하기 위해서는 사육환경, 즉 추위, 환기불량, 과도한 건조 또는 습기를 막을 수 있도록 사육환경을 개선하도록 힘써야 한다.

감염 초기에는 스펙지노마이신, 타이로신, 에리스로마이신 등의 약제에 의한 치료가 매우 효과적이나 병성이 진행되면 치료의 효과가 떨어지며 만성으로 이행하면 약을 투여해도 효과가 없다. 투약은 철저하게 하여 마이코플라스마가 체내로 이행하여 관절염이나 유방염을 일으키지 않도록 주의할 필요가 있다.

91. 질 탈(膣脫, Vaginal Prolapse)

종축개량지 "질문과 답"난에 질탈에 대한 질문이 몇 차례 나와 농장에서 문제가 되는 일이 종종 있는 것 같아 질탈에 대하여 쓴다. 질탈이란 질의 저부, 측벽 및 상부의 일부가 음문을 통하여 밖으로 나오는 것을 말한다. 질탈은 때로는 불임의 원인이 된다.

1) 증 상

분만이 가까워진 환축이 누워있으면 질벽이 음문 밖으로 나오는데 그 크기는 어른의 주먹 크기로부터 축구공 크기에 이르기까지 다양하다. 질탈이 가벼운 경우에는 누워있을 때 나왔다가 일어나면 곧 골반강으로 들어간다. 그러나 질이 완전히 탈출했을 때는 자동적으로 들어가지 않는다.

탈출된 질벽은 공기에 접촉하여 건조해지고 분뇨가 묻으며 꼬리 또는 다른 물체와의 마찰로 상처를 입어 출혈하고 때로는 붓고 화농한다. 질 전체가 탈출하면 방광이 골반강 내로 끌려 나오는데 이와 같은 경우는 요도가 압박되어 배뇨가 안되므로 방광이 팽창한다. 환축은 계속 강한 힘을 주며 등을 구부리고 꼬리를 들어올린 채 있다.

2) 원 인

분만 전 2~3개월에는 태반에서 다량의 에스트로겐이 분비되는데 이 에스트로겐은 골반의 인대와 그 주위의 조직을 이완시키고 음문과 그 괄약근을 이완시킨다. 분만 말기에 새끼가 커지고 자궁 내 뇨수와 양수가 증가하면 자연 복압이 증가하게 되는데 이때 소가 누우면 증대된 복강 내압이 방광과 내장을 질 밑으로 밀어 질탈을 일으키게 한다. 질탈은 유전적인 소인이 있는 소에서 발생한다.

3) 조 치

한 번 질탈이 일어나면 분만 전 2~3개월이 되면 해마다 질탈이 일어난다. 질탈이 가벼운 경우에는 분만 후 자연적으로 골반강으로 들어가는 것으로 끝이 난다. 질탈이 보이는 환축은 깨끗한 분만실에 수용하여 탈출된 질벽에 오물이 묻지 않도록 하고 가끔 질점막을 증류수로 깨끗이 씻은 후 항생제나 설파제 등을 발라준다.

질탈이 심한 환축은 분만 후 비육으로 돌려 도태하는 것이 경제적이다.

92. 후산정체(後産停滯, Retained Placenta)의 원인, 증상, 치료와 예방

후산정체는 송아지가 분만 후 태아태반의 융모가 모체태반의 궁부로부터 분리되지 않아 태아태반이 자궁 내에 정체되어 있는 상태를 말한다. 태아태반은 송아지가 만출 후 3～8시간 후에 배출되는 것이 보통인데 12시간이 지났는데도 불구하고 배출되지 않을 경우에는 후산이 정체되었다고 보아야 한다.

후산정체의 빈도는 젖소에서는 10～20%로 비교적 높으나 한우에서는 발표된 자료를 볼 수가 없다. 귀 목장에서 후산정체가 빈번하게 발생한다면 사양관리 체계를 점검하고 그 원인을 규명해야 한다.

1) 원 인

후산정체는 다음의 원인들이 작용하여 발생한다.

① 반추동물의 태반은 태아태반의 융모총이 모체태반의 궁부와 결합하는 방식이어서 송아지 분만 후 태아태반과 모체태반의 분리에 문제가 생기기 쉽게 되어 있다.

② 분만 후 진통의 미약, 자궁근육의 무력증 때문에 자궁수축이 잘 안되는 경우이다.

③ 임신 5～7개월경에 유산이 될 때는 거의 100% 후산정체가 일어나고 분만예정일 보다 1～2주 조산할 시에는 30～50% 후산정체가 발생한다. 이 시기에는 태아태반과 모체 태반이 분리될 준비가 되어 있지 않았기 때문이다.

④ 평상시의 운동부족, 비타민 A와 E 부족, 무기물로 옥도와 셀레늄 부족, 칼슘과 인의 비율의 불균형, 농후사료 과다급여, 너무 살찌는 등은 후산정체의 원인이 된다.

⑤ 부루셀라병, 비브리오병, 트리코모나스병, 렙토스피라병과 자궁염 등이 후산정체의 원인이 될 수 있다.

⑥ 난산, 쌍태, 분만시 비위생적 환경, 분만하는 동안이나 직후의 흥분이나 불안이 후산정체의 원인이 될 수 있다.

2) 증 상

후산정체는 그 정도에 따라 증상이 다양하다.

① 부분적인 정체는 자궁근층염이나 자궁축농증으로 발전할 때까지 모르고 지나간다.

② 불그레한 태막의 줄기가 음문 밖으로 길게 매달려 있는 경우도 있고 전혀 음문 밖으로 노출되지 않는 경우도 있다. 태막의 일부가 음문 밖으로 나와 있을 때는 자궁이 세균에 감염되는 율이 높다.

③ 후산이 정체될 경우에는 정도의 차이는 있지만 대부분 자궁에 염증이 생긴다.

④ 후산이 자궁 내에 48시간 이상 정체되면 부패균의 감염으로 후산은 부패하여 질 밖으로 악취를 풍긴다.

⑤ 자궁 내에 붉은 액체가 고여 있고 태반이 쉽게 분리되는 경우도 있지만 일반적으로 자궁 내에는 악취를 풍기고 검푸른 액체가 고여 있으며 태막은 용해되어 흐늘흐늘 해지지만 궁부에 부착되어 있는 태막은 매우 질겨 분리되지 않는다.

⑥ 정체된 후산을 제거하지 않은 채 두면 환축은 식욕이 없어지고 열이 오르며 체력이 쇠약해지는 등 전신 증상을 나타낸다.

3) 치 료

후산정체의 치료의 기본 목표는 가능한 한 소의 자궁을 정상의 상태로 환원하는 것이다.

① 후산정체는 인위적으로 제거하거나 자연적으로 분리하게 하는 두 방법이 있다.

② 인위적으로 제거하는 방법은 오랫동안 관례적으로 사용되어 왔지만 섬세한 자궁 내막에 상처를 줄 가능성이 있으므로 되도록 인위적으로 제거하지 않는 것이 바람직하다. 최근에는 분만 후 2～3일 내 좌약을 좌우 자궁각에 하나씩 넣고 항생제를 근육주사 한다.

③ 자궁으로부터 액체와 오염물과 후산을 제거하기 위하여 $PGF_{2\alpha}$, 에스트로겐 또는 옥시톡신을 주사한다.

④ 호르몬 처리로 오염물이 잘 제거되지 않는 경우는 0.05% 과망간산칼리액, 생리식염수와 루골액의 혼합액으로 자궁을 깨끗이 세척해주고 다시 증류수로 세척한 다음 항생제나 설파제를 자궁 내 주입한다. 자궁의 세척은 수일간 계속해서 실시한다. 자궁 세척은 수의사에 의뢰하는 것이 바람직하다.

4) 예 방

아래의 몇 가지 점에 유의하여 대처하면 후산정체를 예방할 수 있다.

① 분만 전 40～60일간 균형된 사료를 제한급여하고 운동을 충분히 시켜 최적의 건강상태를 유지하고 살이 찌지 않도록 한다.

② 셀레늄 0.1ppm을 경구투여 하거나 주사하면 후산정체를 예방할 수 있다.

③ 비타민 A와 E를 분만 4～8주전에 근육주사하면 후산정체를 예방할 수 있다.

④ 분만 40～60일전에 사료 중의 칼슘과 인의 비율을 1.5 : 1～2.5 : 1로 유지해 준다. 칼슘

과 인의 비율이 2.5 : 1을 넘으면 후산정체의 발생률이 높아진다. 칼슘과 인의 비율을 적절히 맞추기 위하여 분만 전 40~60일 사이에 인 보충제를 급여한다.

93. 요석증(Urolithiasis)

요석증은 오줌의 성분인 염류가 신장, 수뇨관 및 방관 등에서 응결되어 돌(결석)을 형성한 상태를 말한다. 요석증은 일반적으로 비육하기 위하여 농후사료를 많이 먹이는 거세우에 자주 발생한다. 요결석에는 신결석, 수뇨관결석, 방광결석 및 요도결석 등이 있다.

1) 증 상

오줌이 잘 나오지 않게 되고 그 때문에 소는 고통스러워 한다. 신장이나 방광에 이상이 생겼을 경우 그냥 내버려두면 뇨독증이나 방광파열을 일으켜 죽는 경우가 있다. 요석증의 증상은 관찰에 의하여 발견할 수 있다. 오줌이 가늘게 나오면서 잘 나오지 않으며 음모에 회백색의 결석이 붙는다.

오줌이 탁하기 시작해도 사료를 먹으나 증상이 진전되면 자연히 식욕이 떨어진다. 때로 복통을 호소하며 허리를 둥글게 꾸부리고 뒷다리로 배를 차기도 한다. 오줌을 자주 누려하고 이를 갈기도 하며 피가 섞인 오줌을 누기도 한다.

이와 같은 증상이 나타나면 빨리 치료를 받아야 한다. 개중에는 아무 증상이 없이 요도가 막히는 경우가 있으므로 주의할 필요가 있다.

2) 원인과 예방

요결석에 원인에는 복잡한 요인이 있는데 양질의 조사료 부족에 인산이 많은 농후사료의 많은 급여와 음수 부족이 확실한 원인이 되고 있다. 물을 적게 먹는 겨울철에 많이 발병하며, 여름철에 생초를 많이 먹는 소는 잘 걸리지 않는다. 오줌의 염류농도가 높아져 결정이 형성되기 쉬운 상태에서 점막의 염증에 의하여 탈락한 상피세포, 괴사조직 편 및 혈액응고 괴가 핵이 되어 결석이 형성될 수 있다.

3~4 개월령의 거세 전의 송아지에 요석증이 걸리는 경우가 있다. 이는 모우 사료에 칼슘제를 첨가하지 않은 경우 칼슘 부족에 의하여 일어나므로 칼슘 제재의 증량, 비타민 A, D_3, E 제재의 투여로 예방할 수 있다.

3) 치 료

빠른 치료가 필요하며, 염화암모니움 10～30g을 맥주병 한 병의 물에 녹여 하루에 먹이고 1주일간 계속 먹인다. 하루에 인체용 이뇨제 10～20정을 먹이는 것을 병용하면 효과가 있다. 물을 충분히 먹도록 유의한다.

94. 지간부란(趾間腐爛, Foot Rot)의 원인, 증상, 치료와 예방

과거에는 부제병(腐蹄病)이라고 했는데 제(蹄)는 지간의 피부와 연조직, 제저각질(蹄底角質), 제구각질(蹄球角質)까지 포함하여 그 범위가 넓어 현재는 부제병이란 용어는 사용하지 않으며 범위를 좁힌 지간부란으로 통용되고 있다. 근간에는 지간부란, 제저부란, 제구부란으로 분류하고는 있으나 부제병이란 용어는 별로 사용하고 있지 않다.

본 병은 우제지간부(牛蹄趾間部)를 중심으로 한 괴사성(壞死性) 또는 화농성 병변을 총칭하며 지간이 썩어 문드러진다는 말이다. 지간부란은 지간의 단순한 피부염부터 심부까지 병소가 번진 결합직염(結合織炎), 건초염과 제관절염까지를 포함한 말이다.

본 병은 소를 많이 기르는 목장에서 소를 축사에 기르거나 집단으로 방목할 때 발생하며 치명적이지는 않지만 경제적 손실이 크다. 일반적으로 소가 발을 저는 원인 중 40～60%는 발의 질병에 기인한 것으로 알려져 있다.

1) 원 인

지간부란의 원인은 소가 사육되는 환경적 요인과 관리와 관련된 요인에 원인 세균이 관련되어 일어난다. 원인 세균은 발굽의 상처와 균열을 통하여 침입한다. 상처는 소가 예리한 돌, 금속, 나무 그루터기와 얼은 퇴비 등을 밟았을 때 생기기 쉽다. 균열은 발굽이 심하게 건조되었을 때 생기기 쉽다. 지세가 좋지 않아 적절하게 닳지 않은 발굽이나 형태가 나쁜 제형은 소가 몸무게를 지탱할 때 지간 피부를 과도하게 긴장시켜 지간에 균열을 만든다.

지간부란은 진흙과 분뇨 중에 산재해 서식하는 방수균속 괴사방선균, 소간균과 괴사균과 스피로키터(spirochetes) 등의 병원성 세균의 감염이 원인으로 간주되고 있다. 그 외도 효모와 곰팡이도 지간부란의 원인 미생물로 시사되고 있다.

운동장과 축사의 배수 불량과 비위생적 환경은 병원성 미생물의 서식과 번성을 조장하여 감염의 원인을 제공한다. 따라서 지간부란은 기온과 습도가 높고 강우량이 많은 여름철에 발생률이 높다. 사료 중에 시스틴(cystine)과 메티오닌(methionine)과 같은 아미노산이 부족하면 제각질(蹄角質)의 질이 저하하여 발굽에 손상을 일으키기 쉽다.

2) 증 상

본 병은 소가 발을 저는 것에 의하여 발견된다. 환축은 아픈 발을 수시로 들어 올리며 뒷다리가 병에 걸려 있을 때는 뒷다리를 뒤로 쭉 뻗으면서 발목을 흔드는 이상한 행동을 보인다. 증상이 좀 진행되면 서있는 자세에서 체중을 건강한 다리에 옮겨놓고 있기 때문에 서있는 자세가 한쪽으로 기운다.

감염된 발굽을 물로 깨끗이 씻고 지간부의 이물을 제거하면 여러 가지 병변이 인정된다. 지간 표면에 보이는 손상부위는 크기가 국한된 것부터 지간 전체에 번져 있는 것까지 다양하다. 감염된 부위는 염증과 괴사를 일으켜 붉은 색을 띠고 부어있으며 열감을 띠고 쓰리고 아프다. 이 피부염은 부중(負重)에 의한 자극 때문에 자연치료가 잘 안되며 오히려 심부 또는 주위에 만연하여 제관부(蹄冠部)와 지간지구(趾間脂球)로 퍼진다. 만성의 화농성 염증으로 진행되면 제관(蹄冠)의 결합조직염(phlegmon)을 일으키고 농양을 형성하며 황회색의 악취있는 농을 배설한다.

증상이 진전되면 지간에 궤양과 궤저(등창)가 발생하고 심부의 구조물에 미쳐 제골, 관골, 제의 관절, 건초와 인대가 장해를 받는다. 염증이 심부 구조물에까지 미치면 체온이 41℃까지 올라가며 식욕이 떨어져 체중이 감소하고 원기가 소실되는 등 전신 증상을 보이며 예후가 불량하다. 이런 경우는 씨 · 피오겐스(C · Pyogenes)의 감염이 많으며 치료하지 않으면 패혈증을 일으켜 사망하는 경우도 있다.

3) 치 료

발굽을 물로 충분히 깨끗이 씻어 청결하게 한 후 국소요법으로 광범위한 살균작용과 강한 침투작용이 있는 과산화수소나 크레졸액으로 잘 세척하고 요도팅크를 도포하고 증상에 따라 설파제나 광범위하게 듣는 항생제와 코포톡스(kopertox)를 지간에 주입 또는 산포한다. 극소치료는 시간과 노력이 요하므로 처음부터 설파제 또는 항생제를 주사하는 전신요법을 쓰기도 한다.

우군에 본 병이 많이 발생했을 때는 간이 치료법으로 4일 간격으로 3% 황산동액이 들어있는 수조를 하루에 2번씩 걷게 하는 발 목욕을 시킨다. 발 목욕을 할 수 없는 경우에는 황산동 분말이나 소석회 위를 걷게 한다.

환축은 지간부란이 완치될 때까지 바닥이 건조한 축사에 수용하여 환부가 분뇨에 젖지 않도록 하고 운동을 제한 한다. 지간부란의 치유속도는 매우 느리기 때문에 치료하는 데 끈기와 인내가 필요하다. 환부를 치료할 때는 소의 발에 채이지 않도록 각별한 주의가 필요하다.

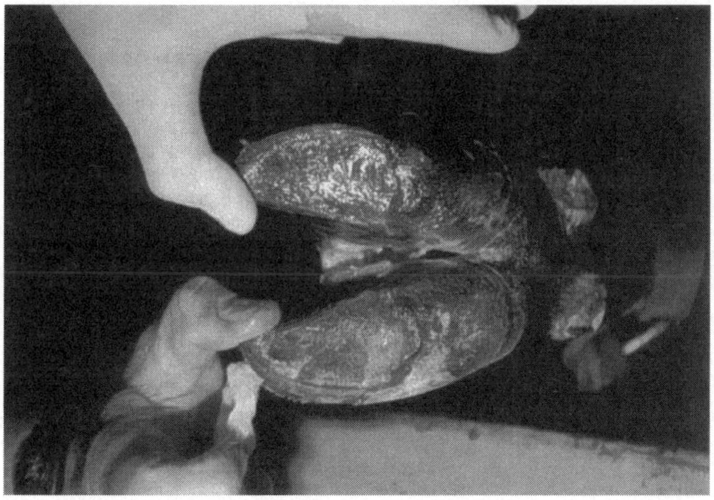

그림 1. 지간 피부의 분리를 나타내는 소의 지간부란
희고 노란 괴사성 응어리를 보인다.(J.G. Kirkpatrick. 2002)

4) 예 방

발굽의 손상의 기회를 없애기 위해서는 운동장이나 방목지에 있는 예리한 돌, 금속, 나무 그루터기, 철사 등을 철저히 제거해야 한다. 또한 병원성 미생물의 서식과 번성을 방지하기 위하여 축사의 바닥은 항상 깨끗하고 건조하게 유지해야 한다.

1일 적어도 2회 5～10% 황산동액의 소독조에 통과시키면 지간부란을 예방하는 데 효과가 있다. 소가 발 욕조를 통과함에 따라 약액이 분뇨와 흙으로 오탁되면 소독효과가 감소함으로 약액을 가끔 바꾸어 주어야 한다.

시스틴과 메티오닌이 부족한 사료를 급여하면 제각의 질이 저하하여 발굽에 손상을 입기 쉬우므로 아미노산이 균형된 사료를 급여해야 한다.

95. 아까바네병(Akabane Disease)

이 병은 일본과 호주에서 주기적으로 크게 유행한 적이 있으며 한국, 이스라엘, 중동 여러 나라, 싸이프러스, 짐바브웨, 남아프리카 등에서 발생하고 있다. 아까바네 바이러스를 가지고 있는 모기를 매체로 하여 이 병이 전파된다. 이 병은 8월부터 발병하여 10월에 절정을 이루어 다음해 3～4월에 사라진다. 모기를 매체로 하여 바이러스가 임신우에 들어오면 자궁에 감염을 일으키고 태아가 감염되어 태아의 발달을 저해하여 유산, 조산, 사산을 일으키며 태아는 체형에 이상을 가져오게 된다. 그래서 이병을 선천성 관절만곡-대뇌결손 증후군(Congenital

Arthrogryposis-Hydranecephaly syndrom, A-H 증후군)이라 한다.

1) 임상증상

아까바네 바이러스에 감염된 임신우는 아무 임상증상을 보이지 않다가 돌연 유산한다. 특히 임신초기에는 축주는 유산이 있었던 것을 모르고 있다가 재 발정이 와서야 유산을 했던 것을 알게 된다. 이런 경우는 발정이 지연된다. 또한 이런 경우에는 감염에 의한 자궁의 손상이 적은 편이여서 다음 수정에 의하여 순조롭게 임신이 된다.

선천성 A-H 증후군은 계절성을 띠면서 산발적으로 증상을 나타내는데 유산, 사산, 미성숙 태아 출산으로 나타나고 감염이 임신 3개월 이상 진전되었을 때는 태아에 이상을 가져와 기형 태아로 출산한다.

기형으로 태어난 태아는 목이 구부러진 것, 아래턱이 다소 기형인 것, 관절이 구부러진 것. 척추가 구부러진 것 등이 있다. 태아의 기형은 바이러스에 의한 태아의 중추신경계의 병변으로 나타나며 대뇌결손증 (내수두증)이라 한다. 대뇌결손증의 임상적 증상으로 눈먼 것, 눈동자가 흔들리는 것, 귀가 먼 것, 행동이 둔한 것, 젖을 못 빠는 것 등 마비와 실조를 동반한다.

특히 송아지에 사지만곡이 심한 것은 난산의 예가 많고 태아를 자르는 외과적 수술을 필요로 할 때가 있다. 이상체형으로 태어난 송아지는 대부분 충추신경계가 퇴화하고 근육이 늘어져 설 수가 없고 젖을 빨지 못하여 사망한다. 적게 영향 받은 송아지는 시간 경과에 따라 운동능력이 향상되나 대부분 6개월 내에 죽는다.

2) 예 방

아까바네 바이러스는 모기의 매개에 의하여 감염되므로 여름철에 소가 모기에 물리지 않도록 방충에 의한 예방을 생각할 수 있으나 와전한 방충은 어렵다. 따라서 모든 개체에 백신을 주사하여 개체방어를 하는 것이 효과적이다. 백신에는 불활화 바이러스 백신과 생독백신 두 가지가 있는데 우리 나라에서는 녹십자 수의약품회사에서 제조한 소 아까바네 생독백신이 시판되고 있다. 이 백신은 동결건조된 제품으로 사용하기 전 희석액 3ml와 혼합한다. 이 백신의 1두 접종량은 소의 연령, 품종, 체중에 관계없이 1ml이며 경부피하에 접종한다. 접종시기는 모기가 발생하기 이전이다.

96. 불루텅병(Bluetongue Disease)

2003년 11월 미국에서 도입한 생우 중에서 불루텅병의 항체가 검출되어 도입우의 검역기간을 40일간 연장하게 되는 문제가 발생하였으며, 도입우를 원산지로 돌려보내야 한다는 주장이 일고 있다.

본 병은 가축이나 야생반추동물에 만연하지 않지만 세계적 규모로 존재한다. 이 병은 불루텅 바이러스에 감염에 의하여 발병하며, 이 바이러스의 생물학적 숙주는 등애, 모기속의 작은 곤충(cullicoides midges)이다. 이 곤충은 아주 작아 바람이 불면 100km까지 이동할 수 있다. 불루텅바이러스(BTV)는 Reoviridae과 Orbiviridae속에 속하는데, 24종의 혈청형 중 4가지 형이 미국에서 만연한다.

이 병의 유행은 이 곤충이 성행하는 8월 하순에서 시작하여 서리가 내리는 11월에 끝난다. 이 병의 감염률은 매우 높으나 병우의 발생률은 20~30%로 그리 높지 않다. 전파되려면 바이러스를 가진 모기가 소의 피를 빨아 먹어야 하며 모기 내에서 바이러스가 완전히 번창할 만큼 기후조건이 맞아야 한다. 모기 내에 바이러스가 들어가려면 감염 후 63일 이내에 소로부터 모기가 피를 빨아먹어야 하므로 야외에서는 제한된 기간 내에서만 바이러스가 소에서 모기 내로 들어 갈 수 있다. BTV는 이 곤충이 사는 위도 35~40되는 나라에만 존재한다.

바이러스의 감염에는 두 가지 형이 있는데 하나는 성우를 포함한 일반 소의 감염이고, 다른 하나는 임신우를 통한 태아의 감염이다.

1) 증 상

증상은 구제역과 비슷하여 비경, 비점막, 구점막, 특히 치근부에 궤양이 생겨 점액성의 분비물이 흘러 외견상 매우 불결한 모습을 보인다. 때로는 혀가 부어 파래지고 채식이 불가능한 상태로 되는 경우가 있다. 얼굴, 입술, 입, 귀, 사지, 특히 제관과 제구부가 붓고 궤양이 발생한다. 이외에도 유방, 특히 유두부와 음문부에 궤양이 발생하고, 피부의 탈모와 박리가 발생한다. 태아의 감염은 유산을 일으키며 송아지의 대뇌결손증과 체형 이상을 가져온다.

2) 경 과

음식을 넘기는 장애가 나타나지 않는 개체는 일반적으로 경과가 양호하나 음식을 넘기는 장애가 있을 때는 수분부족으로 치명적일 수 있다.

3) 치 료

증상을 완화시키기 위하여 항 염증성 제재나 통증 억제성 제재를 사용한다. 탈수 때는 링거액, 생리식염수 또는 전해질액을 정맥주사 한다.

4) 예 방

소의 국경 이동을 제한하고 소의 수입을 금지하며, 숙주의 수와 서식처를 줄이고 숙주의 절정기에 소를 숙주에 노출하지 않게 한다. 디에틸토류아마이드(diethytoluamide) 같은 숙주 살충제를 숙주가 번식하는 곳에 사용한다.

풍토성 지역에는 변형한 생독 백신에 의한 접종이 이용되거나 전형적으로 사용된다. 백신은 임신축에 약간의 위험을 동반한다.

97. 소 부루셀라병(Brucellosis)

2004년 1월 9일 정읍의 젖소 농장에서 부루셀라에 걸린 젖소가 발견되어 이 농장 젖소 74마리를 모두 도살 처분했다. 정읍에서는 2003년 2월 최초로 이 병이 발생한 뒤 11농가에서 젖소 350여 마리가 부루셀라 양성 · 의양성 반응을 보여 950여 마리를 도살 처분했다. 부루셀라가 소 산업에 미치는 영향을 생각하여 소 사육자는 부루셀라병에 대하여 알아둘 필요가 있다.

소 부루셀라병은 세계적으로 널리 분포되어 있으며 우리나라에서도 발생되고 있으나 근래에 와서는 발생률이 현저히 감소되고 있으며, 미국에서는 2000년 6월 발생두수가 6두에 불과하였다고 보고되고 있다. 이 병은 인수(人獸)공통 전연병으로 사람에게도 감염된다.

1) 원 인

부루셀라병은 구상(球狀)에 가까운 그램 음성의 작은 간균(桿菌)인 Bacillus abortus(B. abortus)에 의하여 전파 감염된다.

2) 감염 경로

균이 체내에 침입하면 근접 부위의 임파절에 들어가 식세포(食細胞)의 세포질 내에서 증식하여 세포를 파괴사멸 시킨다. 떨어져 나온 균은 새 식세포에 들어가 이를 반복한다.

본 균의 가장 많은 침입 부위는 비강, 인후두, 눈, 비뇨생식기 등의 점막, 유관의 상피, 유방실질 및 상처난 피부 등이다. 오염된 사료와 음수를 통하여 경구적으로 감염된다.

이 균이 많은 곳은 임신자궁, 태아, 태막, 태액과 질 분비물 등으로 감염원이 된다. 감염 축과 직접 접촉에 의하여 감염되며, 감염된 신생 송아지를 통하여도 감염된다.

감염되면 균은 2개월 미만의 잠복기를 지나 식세포를 파괴 사멸시키며, 항체는 감염 후 2주부터 3개월 후에 검출된다. 자궁으로의 균의 침입은 임신 4～6개월에 시작하여 그 후 1~2개월

후에 소는 유산한다. 감염된 어미소로부터 태어난 송아지는 선천적으로 감염되어 있지만 증상이 나타나지 않으며, 출산 후부터 균이 체내에서 증식한다.

3) 증 상

임상소견이 없어 증상으로 진단하기가 곤란하다. 암소에서는 유산, 후산정체가 보이고 약한 송아지를 출산하며 가끔 유방염을 일으키는 경우가 있다. 유산은 감염의 시기와 감염균수에 따라 다른데 임신 6~8개월에 많다.

4) 진 단

Milk Ring Test(MRT) : 우유 중의 항체를 검사하여 우유의 크림선에 파란 고리가 형성되는 것을 판단기준으로 한다.

Market Cattle Test(MCT) : 시장에 나오는 소를 검사한다는 뜻으로 혈액을 채취하여 항체를 검사한다. 6개월 이상 된 소를 대상으로 한다.

Brucellosis Card Test(BCT) : 혈액응고 반응을 이용하며 4분 이내에 검사가 가능하다.

5) 예 방

유우에 대하여는 MRT 검사를 육우에 대하여는 MCT검사를 매년 정기적으로 실시하여 양성우를 색출 도살 처분하여 모든 소로부터 부루셀라균을 제거해야 한다. 위생관리를 철저히 하고 구입한 축은 30~60일간 격리 수용하였다가 병이 없음을 확인하고 같이 사육해야 한다.

부근에 부루셀라병이 발생했을 때는 균주 19 부루셀라백신(strain 19 brucella abortus vaccine)을 접종한다. 백신의 예방효과는 65% 내외이다. 생후 4~8개월의 송아지에 접종하면 종생면역이 가능하다.

6) 치 료

소 부루셀라병은 치료가 안 된다. 치료를 시도하였으나 실패하였다.

7) 사람에 감염

사람이 감염되면 피로, 두통, 고열, 오한, 식은 땀, 관절통, 요통, 체중과 식욕감소 등을 동반한다.

8) 검진 안내

2005년 3월 1일부터 가축시장과 도축장에 출하하는 경우 한우, 육우 1세 이상의 암소는 부루셀라 검사증명서가 있어야 한다. 출하 3주전까지 시, 군에 전화, 팩스 또는 직접 방문하여 검사를 신청한다.

98. 축산업뿐만 아니라 국가 경제에 큰 피해를 주는 구제역 이란

구제역(口蹄疫, Foot and Mouse Disease : FDM)은 소, 물소, 돼지, 사슴, 면 · 산양 등과 같이 발굽이 둘로 갈라진 우제류(偶蹄類)의 가축이 걸리며 코, 구강부의 점막과 4다리의 발굽 주변의 피부에 특징적인 물집이 생기는 급성열성 전염병이다.

일반적으로 폐사율은 낮은데 전염성이 높아 많은 경우 집단적인 유행의 형태를 취하며 넓은 범위로 확산되어 육우산업 뿐만 아니라 국가 경제에 미치는 피해가 극도로 심하다.

이병은 오래 전부터 잘 알려진 병으로 바이러스에 의하여 감염된다. 구제역 바이러스는 미생물 분류학적으로 피코르나바이러스(Picornaviridae)과, 아프토바이러스(Aphthovirus)속에 속하는 소형의 RNA 바이러스이다.

구제역 바이러스는 서로 백신의 효과가 없는 7종의 혈청형이 있으며, 80여 가지의 아형(亞型, Subtype)이 있다(표 1).

표 1. 구제역 바이러스의 혈청형, 아형, 지리적 분포

혈청형	아 형	지리적 분포
A	43	세계적
O	14	세계적
C	5	세계적
Sat-1	9	아프리카
Sat-2	3	아프리카
Sat-3	4	아프리카
Asia-1	3	아시아 · 중동

병원 바이러스는 변이하기 쉬우며 여러 종의 혈청형과 아형이 있어 면역성이 일정치 않다. 여러 종의 야생동물이 감염되어 병을 매개하고 공기전파가 일어나기 쉬어 병이 급속히 확산되므로 예방 방지가 어렵다.

본 병은 전파가 빠르고 경제적 피해가 많아 국제수역사무국(國際獸疫事務局, Office International des Epizooties, OIE)에서 가장 중요한 가축전염병 (A급 전염병)으로 지정되어

있다. 때문에 우리나라에서도 가축 전염병 예방법 제1종 법정 전염병으로 지정되어 있다.

우리나라에서는 지난 2000년 3월 파주를 비롯한 몇 개 지역에서 젖소에서 구제역이 발생하여 곤욕을 겪었다. 2002년 5월에는 안성, 진천 지역에서 돼지에서 구제역이 발생하여 약 12만두의 돼지가 살 처분되어 양축농가뿐만 아니라 국가경제에 큰 타격을 입혔다. 이번 발생한 구제역 바이러스 타입은 판아시아 O1이라고 하고 있다.

1) 임상증상

잠복기간은 보통 5~8일 이다. 발병우는 기운이 없어 보이고 식욕이 부진하며 갑작스럽게 열이 난다. 열은 40~41℃ 정도로 2~3일 계속한 후 평상시 열로 돌아간다. 열이 나면 침을 많이 흘리며 입주변이 침의 거품으로 가득 찬다. 이시기에 입을 열어보면 열 감이 있고 혀의 상면과 측면, 입술 내면, 치근부 등의 점막이 충혈되어 있고 군데군데 회백색의 작은 반점과 수포가 보인다.

회백색의 반점은 수포가 생기기 전의 증상으로 반점 밑에 투명한 액이 고여 수포가 된다. 수포는 점차 커져 인접한 것과 합쳐 형태가 일정치 않은 큰 수포로 된다. 이와 같은 수포는 1~2일 사이에 표면 상피가 터져 수포액이 유출되며, 혈액을 띤 적홍색의 반점이 된다. 수포의 변성이 심해질 무렵에 체온이 내려가기 시작한다.

발병한 소는 걷기를 싫어하고 차츰 절며 걷는다. 저는 다리의 발굽부위는 열이 높으며 발굽부위와 발굽 사이 피부에 수포 병변이 나타난다. 입과 발굽 주변의 수포는 시간적으로 거의 앞서거니 뒤서거니 나타난다. 심하게 저는 것이 구제역 발견의 단서가 되는 경우가 많다.

발굽부위의 수포는 터지기 쉬우며 1~2일에 반점으로 된다. 수포 병변이 세균의 2차 감염을 일으켜 발굽의 내면이 괴사되어 발굽이 이탈되는 경우가 있다. 수포는 이 외에도 비공, 유두, 질 등에도 출현하는 경우가 있다.

비유 중의 소는 유량이 감소하고 우유의 질에 이상이 오며, 임신우에서는 유산을 일으킨는 경우도 있다. 통상의 경우 발병 후 1주간이 지나면 원기와 식욕이 회복되고 2차적 세균 감염이 없으면 수포 병변도 이 후 1~3주간에 치유된다.

포유기의 어린 송아지에서는 드물게 수포형성에 이르기 전에 급사하는 경우가 있다. 이것은 바이러스가 심근과 췌장에서 증식하여 심장마비와 내분비 이상을 일으키는 데 있다고 생각한다. 보통 성우에서는 이와 같이 급사하는 경우는 없다. 다만 드물게 기도에 심한 수포 형성이 생겨 폐렴을 병발하여 회복이 늦어지고 병성이 극도로 악화하여 죽는 경우가 있다. 그 외 만성 심근염에 의한 기능저하 췌장의 이상에 기인한 대사 장해가 있고, 수포 자체는 비교적 짧은 기간에 소실하여도 완전히 건강이 회복될 때까지 꽤 일수를 요하는 것도 있다.

2) 발생과 역학

(1) 발 생

본 병은 유럽에서는 오래 전부터 알려진 병으로 오늘날에도 단속적인 발병이 끝이지 않고 있다. 1997년 대만에서는 돼지에서 구제역이 발생하여 대만 양돈 산업과 국가 경제에 큰 타격을 주었는데 소와 양에서의 자연발생은 일어나지 않았다. 중국 본토에서는 1998년 운남성에서 발생하여 1999년 복건성, 해남성, 티벳자치구에서 구제역의 발생이 있었다. 이들 양국에서 발생한 구제역은 모두 O형 이였다.

1997년 대만에서 발생한 구제역의 바이러스는 돼지에서 친화성이 높았으며 소에서는 감염이 없었다.

구제역에 있어서 소와 돼지의 상이점은

① 소는 감수성이 높은 반면 돼지는 소보다 낮다.

② 감염 우에서의 바이러스 배설양은 돼지에 비교하여 극히 낮다.

③ 소에서는 바이러스 감염 후 발병하기까지의 기간이 짧다(소 6.2일, 돼지 10.6일).

④ 소에서는 감염되어 견디어 낸 후 백신을 접종하면 재감염에 의하여 바이러스 보유동물 이 된다. 즉 바이러스는 인구두부에 존재하여 배설된다. 돼지는 바이러스 보유동물이 되지 않는다.

⑤ 수포 형성부위는 소에서는 혀, 구강내, 발굽사이, 유방과 유두인데 돼지에서는 비경, 비경점막, 발굽 둘레, 발굽사이와 부제가 현저하다.

(2) 역 학

가. 감염경로

소의 감염실험에서는 혀 상피 내, 근육 내, 기관 내, 안 결막 상, 피하, 정맥 내, 비강 내, 자궁 내, 유선 내 또는 경구의 어떤 경로든 바이러스를 접종하면 감염된다. 혀 상피 내 접종이 가장 감염되기 쉬우나 상처가 없는 혀 상피에서는 감염이 잘되지 않는다.

자연감염의 경우에는 감염동물과 바이러스 감염물과의 접촉에 의하여 감염된다. 즉 경비감염, 경구감염 및 창상감염이 중요한 경로이다. 본 병은 공기 전파가 일어나기 쉬우며, 이 경우에는 상부기도 이외에 안 결막으로부터의 감염을 생각할 수 있다. 감염 종웅우의 정액에는 바이러스가 들어가 있으므로 이 정액이 인공수정에 사용되면 암소가 감염된다.

나. 전 파

본 병은 전염성이 강하고 아주 급성이므로 전파가 극히 빠르며 따라서 대유행을 일으키기 쉽다.

감염원으로는 ① 감염동물, ② 감염동물의 배설물, 분비물, 수포액 및 이들에 오염된 기물, ③ 감염동물의 근육, 우유, 혈액, 장기, 뼈. 피부 및 이들을 재료로 한 축산물을 들을 수 있다.

전파 양식으로는 ① 동물로부터 동물에로의 직접 전파, ② 사람에 의한 전파, ③ 동물에 의한 전파, ④ 바람에 의한 전파(공기 전파) 등의 경로가 있다.

예를 들어 사람이 관계되는 전파에는 ① 손과 발, 의복이 전염된 상태에서 가축에 접촉, ② 가축의 사양관리에서 오염된 기구사용, ③ 오염된 사료 급여, ④ 감염 또는 오염된 가축의 수송과 매매, ⑤ 오염된 고기, 우유 또는 오물의 운반, ⑥ 오염된 차량의 운전 등이 있다.

동물이 관계되는 전파에는 ①개, 고양이, 쥐, 야조 등에 의한 오염물의 운반, ② 감염된 야생동물에 의한 바이러스의 방출 등을 생각할 수 있다.

바람에 의한 전파에 대하여는 오래 전부터 의심되어 왔는데 바람이 본 병의 유행에 큰 역할을 하는 것은 영국에서 1967～1968년 대유행에 의하여 밝혀졌다. 철저한 살 처분과 접촉 경로의 차단에 의한 복멸 활동에도 불구하고 이 병의 유행은 연일 비와 바람이 교차하는 악천후와 겹쳐 바람의 방향으로 확산되었다. 상세한 기상 역학적 조사결과 이 병의 유행은 당시 기상조건과 밀접한 관계가 있었다는 것이 판명되었다(Henderson, 1969 ; Hugh-Jones, Wright, 1970). 또한 이 병의 유행에서 바람에 의한 전파의 최장거리는 150km에 달했다.

다. 예방과 치료

a. 침입방지

병원체가 외국으로부터 들어오는 것을 방지하는 것이 가장 중요하다. 본 병의 국제적 전파 양식은 다양하므로 전파 경로를 차단하기 위하여 먼저 구제역 발생지역으로부터 감수성 동물과 동물에 유래하는 생산물(뼈와 고기, 생피, 장기 등)의 수입을 금지 또는 제한해야 한다. 유입하는 동물과 축산물에 대하여는 엄중한 검역이 필요하다. 또한 필요에 따라서는 가열, 약품처리 등에 의한 소독의 조치가 필요하다.

국제적 교통기관인 선박과 항공기의 관제도 구제역의 전파 방지 차원에서 주의를 요한다. 즉 구제역 발생지로부터의 식육과 유제품이 바이러스에 오염되어 있을 위험성이 있으므로 이런 것들을 항구와 공항에서 소각 처분하여 국내에 반입하지 않아야 한다.

국외에서 가축에 접촉한 여행자가 바이러스를 의복 또는 신발에 묻혀 국내에 들여와 이것이 구제역 유행의 계기가 된 예가 외국에 있다. 환축이 배출한 공기에 바이러스가 함유되어 있고 이것을 사람이 흡입하여 비강과 구강점막에 축적된 것이 단기간이지만 생존하는 것이 알려졌다 (Sellers 등, 1971). 이와 같이 사람이 바이러스 전파에 관련되는 것으로 생각된다. 또한 햄과 치스와 같은 축산 가공품은 제조과정에서 바이러스가 잔존하는 위험성이 있으므로 오염지역에서 해외여행자가 이 같은 가공식품을 휴대하여 입국하는 것은 위험하다.

b. 발생시의 조치

엄중한 침입 방지에도 불구하고 구제역 유사 환축을 발견한 경우에는 즉시 신고하고 긴급히 방역대책을 강구해야 한다. 환축과 접촉하여 발병할 염려가 있는 감수성 동물은 바로 살 처분하여 소각 또는 매각해야 한다.

오염된 염려가 있는 사료와 분변 등은 소각 또는 소독해야 한다. 우유는 소독 폐기한다. 축사, 수송차, 기구류 및 축사주변의 토지, 통로, 하수도 등도 엄중히 소독해야 한다. 발생지 주변의 가축은 이동을 금지하고 필요에 따라 사람의 출입을 금지 또는 제한한다. 환축의 살 처분에도 불구하고 유행이 확대될 우려가 있는 경우는 주변에 감수성 가축에 백신을 긴급히 접종하는 것으로 되어있다. 이를 위해 백신을 수입하여 비축하고 있어야 한다.

발생시 방역이 성공할 것인지 아닌지는 환축의 조기발견과 철저한 긴급 방역대책을 실시하는가에 달려있다. 더욱이 잠복기 중의 가축의 이동이 2차 발생에 원인이 되는 경우가 있으므로 이 점에 특히 주의할 필요가 있다.

라. 치 료

본 병은 효과적 치료법이 없다.

99. 소 해면상뇌증(Bovine Spongiform Emcephalopathy, BSE ; 광우병)

소 해면상뇌증(이하 BSE), 일명 광우병은 성숙한 소에서 발견되는 뇌 질환의 일종으로 소의 뇌가 서서히 스폰지 모양으로 변성하는 것이다. 증상은 24～30개월 이상의 소에서 나타나고, 빛과 소리 등 경미한 자극에도 흥분하거나 불안해하는 신경과민증을 보이며 이상한 행동을 하고, 이상한 울음소리를 낸다. 초기에는 앞다리로 머리를 극적이고, 심하면 뒷다리에 마비가 와 절뚝거리는 이상을 보이다가 일어서지 못하고 전신마비가 된다.

이 병은 1986년 영국에서 처음으로 발견된 이래 1989년 아일랜드, 1990년 스위스, 1991년 프랑스에서 발견되었으며, 유럽대륙 밖에서는 2001년 일본, 2002년 이스라엘, 2003년 미국과 캐나다에서 발견되었고, 주변국가에서는 이 병이 발병하지 않을까 걱정하고 있다.

영국에서 광범위한 역학조사 결과 반추동물의 육골분과 단백질 제품을 포함한 사료가 원인이었다는 것이 밝혀진 바 있다. 그 이후 소를 기르는 국가들은 반추동물의 육골분과 단백질 제품을 사료원료로 사용하는 것을 금지하는 한편, 이들 제품의 수입제한 조치를 통해서 감염물질의 유입을 차단하고 있다.

이 병은 소에만 걸리는데 사람에게도 이와 유사한 증세를 보이는 질환이 있다. 이를 변형 크로이츠펠트 야곱병(이하 vCJD)이라고 하는데, 주로 젊은 사람에게서 발병하며 신경증세를 나타낸다. BSE에 걸린 쇠고기와 생산물을 사람이 먹을 경우 소의 BSE 병과 비슷한 증상이 나타나 소의 BSE가 인간에 전염된다고 추측하고 있다. 현재 역학적으로나 실험실 진단으로 소에서 BSE를 일으키는 인자가 사람에서 vCJD를 유발시킬 수 있다는 과학적 가설이 제기되고 있다. 현재까지 한국과 미국에서 vCJD에 걸린 환자는 없다.

BSE를 일으키는 인자의 정확한 실체는 아직까지 알려져 있지 않으나 현재까지 가장 가능한 이론으로 받아드려지는 것은 이 인자는 정상적인 세포표면의 성분인 프리온 단백질이 변형을 일으킨 것인데 이 변형된 프리온 단백질이 병원성이 있는 형태라는 것이다. 왜 그리고 어떻게 이 정상적인 단백질이 병원성이 있는 단백질로 변하였는지에 대하여는 아직도 정확한 원인을 규명하지 못하고 있다.

감염된 소에서 BSE인자가 발견된 부위는 뇌, 척수, 안구, 간헐적으로 회장, 중추신경조직, 등배신경절, 삼차신경절과 흉골골수이며 고기와 육류에서는 발견되지 않았다. BSE로부터 소비자를 보호하기 위한 가장 중요한 조치는 등배신경절과 척수의 일부가 붙어있는 육류 등 특정 위험물질을 식용으로 사용하는 것을 금지하는 것이다.

현재까지 가능한 검사방법으로는 잠복기에 BSE를 감지하는 것은 불가능하며 잠복기는 5년이다. 또한 현재 가능한 검사법으로는 뇌에 BSE인자가 축적되기 전까지는 판별할 수 없고, BSE에 음성으로 판정되었다 해도 BSE가 없다고 확신할 수 없다.

100. 우사 소독의 필요성과 효과

2,000년 경기도 파주와 용인, 충남 홍성에서 젖소와 한우에 구제역이 발생한 이후 우사 소독에 대한 관심과 필요성이 높아졌다.

소독은 축사 내외에 존재하는 세균이나 바이러스 등의 병원체를 제어하여 질병의 발생을 예

표 1. 소독제의 분류와 종류

분 류	종 류
산 화 제	차아염소산제재 이산화염소제 이염화이소시안나트륨 버 콘
염 기 제	가성소다 탄산소다
알데하이드계	글루타알데하이드 포르말린 가스

방하는 데 그 목적이 있다. 또한 소독은 질병발생시 질병이 다른 소에 감염 또는 확산되는 것을 예방할 수 있다.

1) 소독제의 분류와 종류

축사 내외를 소독하는 소독제의 분류와 종류는 표 1과 같다.

2) 소독제의 선정

소독제는 소독 목적에 맞고 효력이 있는 약제를 선택하여 사용한다. 소독제에 따라서는 콘크리트나 금속성에 대하여 부식성이 있는 것, 소와 사람에게 독성이 있는 것, 불안정한 것이 있으므로 소독제를 선정하기 전에 설명서를 잘 읽어보고 소독 목적에 맞고 효력이 있는 약제를 선정해야 한다. 또한 소독제를 선정할 때는 위 표의 어느 분류 중 어떤 종류의 소독제인지를 알아보는 것도 그 소독제가 소독 목적에 맞고 효력이 있는지를 판단하는 데 도움이 된다.

예를 들어 구제역 전문 소독제로 보급되었던 애니가드는 분류상으로는 산화제이며 종류는 이염화이소시안나트륨 제재임을 알 수 있다.

3) 소독제 사용시 주의사항

① 소독제의 유효기간이 지나지 않았는지를 확인하고 설명서에서 권장하는 농도로 희석한다. 농도가 높으면 약제가 낭비될 뿐만 아니라 자극성이 강해서 살포하는 사람이나 가축에게 피해를 주며 농도가 낮으면 약효가 떨어진다.
② 살포 또는 분무시는 마스크를 착용하고 비닐장갑을 끼고 비닐 옷을 입어 소독약이 피부에 접촉하거나 호흡기로 흡입되지 않도록 한다.
③ 소독액은 사용할 때마다 조제하고 부식이 되지 않는 플라스틱제나 스텐레스제의 용기를 사용해서 조제하도록 한다.
④ 소독액을 살포할 때는 사료, 물 및 사료조에 오염되지 않도록 한다.
⑤ 사용시 약제가 피부에 접촉되었을 때는 즉시 물이나 비눗물로 깨끗이 닦아내야 한다.
⑥ 소독액을 조제할 때는 쓸 만큼만 조제하여 그날 당일 다 쓰도록 한다.
⑦ 가축에 몸에 직접 뿌릴 때는 독성이 없는 약제만을 사용하고 임신 말기의 가축이나 젖을 먹이는 어미나 젖을 빠는 송아지는 주의해야 한다.

4) 살포 간격

살포간격은 10일 내지 2주 간격이 적당하며, 질병이 걸린 소가 있는 경우는 살포간격을 1주

내외로 단축하는 것이 효과적이다.

5) 소독액의 살포

우사는 분무에 의한 소독이 일반적으로 사용되고 있다. 규모가 큰 목장에서는 트랙터에 연결된 분무기로 우사를 분무 소독한다. 소규모 목장에서는 전기를 사용한 초미립 바이오 분무기로 분무 소독한다. 대다수의 병원체는 똥이나 오줌에 존재하므로 바닥을 중심으로 똥과 오줌이 붙어있는 파이프 등에 소독액이 흠뻑 젖도록 분무한다. 우사 주변도 함께 소독하면 외부로부터 감염된 병원체를 제어할 수 있다.

참 고 문 헌

〈국 문〉

1. 4정 축산업개론. 김동암 외 9. 향문사. 1994.
2. 가축인공수정요론. 이용빈 외 13. 선진문화사. 1980.
3. 인공수정과 수정란이식. 임경순 외 2. 민음사. 1998.
4. 원색 가축의 품종. 한성욱 외 11. 선진문화사. 1996.
5. 낙농학. 배동호. 선진문화사. 1997.
6. 최신초지학. 김동암 외 2. 선진문화사. 1976.
7. 반추동물 영양학. 한인규 외 10. 향문사. 1988.
8. 가축번식생리학. 정길생 외 32. 선진문화사. 1995.
9. 한우. 육종룡 외 5. 향문. 1982.
10. 한우사육 길잡이. 농림부 · 축산기술연구소 · 농협중앙회. 대한인쇄사. 2002.
11. 소의 행동. 원유석. 도서출판 필방. 2002.
12. 신제 가축질병. 정창국 외 2. 향문사. 1990.
13. 최신 가축질병학. 김상균. 유한문화사. 2000.
14. 한우에 있어서 주간분만 유기에 대한 야간사료급여의 영향. 임석기 외. 한축지. 39(3):243-248. 1997.
15. Holstein에 있어서 분만시간에 대한 사료급여 시간에 대한 영향. 한국가축번식학회지 22(4):303-306. 1998.
16. 월간 한우.
17. 종축개량. 한국종축개량협회.
18. 한우 송아지 잘 낳고 잘 키우기 위한 사양관리 포인트. 농협중앙회 가축개량사업소. 2002.
19. 한우 번식과 질병 핵심 포인트. 축산기술연구소 대관령지소. 2003.
20. 한우사육을 위한 핵심기술. 축산기술연구소 대관령지소. 2003.
21. 한우번식률 85% 폐사율 0%에 도전 농협중앙회. 2004.
22. 우리 소 좋은 한우. 농협중앙회. 2004.
23. 한우 고급육 생산 우수농가 사례. 농협중앙회. 2003.

〈영 문〉

1. Hourly distribution of time of parturition in beef cows T.A. Yarey Can. J. Animal Sci. 62:597-605. 1982.
2. Influence of time of feeding on time of parturition in beef cows B.G. Lowman Veterinary record 19(26):557-559. 1981.
3. Bluetongue disease S. ed Aeillo Merk Veterinary manual. 1998.
4. Bluetongue disease G. Mullen Highlights of Agr. Research 46(3):1-5.

〈일 문〉

1. 改訂 肉牛飼養全科. 土屋平四郎 外 1. 農文協. 1996.
2. 最新 牛の 病氣. 坂本研一 外 13. 家 光協會. 2000.
3. 牛病學. 山內昭二 외 56. 近代出版. 1980.
4. 新版 家畜臨床繁殖學. 星修三 外. 朝倉書店. 1983.
5. Prostaglandinによる 牛の 分娩誘發 菅徹行. 家畜繁殖誌 23(5):16-19. 1977.
6. 子和牛上手な飼い方育て方. 上田孝道. 農文協. 2001.
7. 系統牛を飼いこなす. 太田恒進. 農文協. 1996.

찾아보기

저자 약력

서울대학교 축산학과 졸업. 1958.
서울대학교 대학원 석사. 1961.
일본 교도대학교 대학원 석사. 1970.
일본 교도대학 대학원 박사. 1974.
농촌진흥청 축산시험장 축사연구사. 1961~1968.
돼지 · 소 인공수정, 정자생리, 동결정액 연구.
농촌진흥청 축산시험장 특수연구원. 1974~1975.
정자 · 난자생리, 수정란이식, 동결정액 연구.
영남대학교 농축산대학 교수. 1975~1981.
가축번식학, 낙농학, 초지학, 사료작물학, 양봉학, 축산시설론 강의.
서울대학교 농업생명과학대학. 1981~2000.
가축번식학, 축산학개론, 내분비학 강의.
인공수정, 난자 · 정자동결, 수정란이식, 난자의 핵이식, 수정란의 성판별, 복제동물 연구.
서울대학교 농업생명과학대학 정년퇴임. 2000. 8.
서울대학교 명예교수. 2000. 8.~현재
한국축산학회 회장. 1992.
한국가축번식학회 회장 고문. 1994.
한국수정란이식학회 고문. 2002.
한국과학기술한림원 정회원, 원로회원 1999-현재.
번우가축생명과학연구소 소장. 2002-현재.
린칼불록 급여효과, 부스틴주사 효과 등 한우에 관한 연구.
한국생면과학연구소(사설) 고문. 2000~현재.
저서 : 가축인공수정, 가축번식학, 축산학개론 외 31권.

한우 100문 100답

2009년 8월 25일 초판 1쇄 발행 **값 15,000원**

저 자 임 경 순

발행자 양 희 돌

경기도 고양시 일산서구 덕이동 408-4

發行處 **先 進 文 化 社**

〈등록 제 410-2005-000040호〉

ISBN 978-89-7392-257-4 92520

 ☏(031)925-8237、8238, FAX 925-8239